W0259972

WERKSTATTBÜCHER

FÜR BETRIEBSANGESTELLTE, KONSTRUKTEURE UND FACHARBEITER. HERAUSGEGEBEN VON DR.-ING. H. HAAKE, HAMBURG

Jedes Heft 50—70 Seiten stark, mit zahlreichen Abbildungen

Die Werkstattbücher behandeln das Gesamtgebiet der Werkstattstechnik in kurzen selbständigen Einzeldarstellungen: anerkannte Fachleute und tüchtige Praktiker bieten hier das Beste aus ihrem Arbeitsfeld, um ihre Fachgenossen schnell und gründlich in die Betriebspraxis einzuführen.

Die Werkstattbücher stehen wissenschaftlich und betriebstechnisch auf der Höhe, sind dabei aber im besten Sinne gemeinverständlich, so daß alle im Betrieb und auch im Büro Tätigen, vom vorwärtsstrebenden Facharbeiter bis zum leitenden Ingenieur, Nutzen aus ihnen ziehen können.

Indem die Sammlung so den Einzelnen zu fördern sucht, wird sie dem Betrieb als Ganzem nutzen und damit auch der deutschen technischen Arbeit im Wettbewerb der Völker.

Einteilung der bisher erschienenen Hefte nach Fachgebieten

I. Werkstoffe, Hilfsstoffe, Hilfsverfahren

II. Spangebende Formung

(Fortsetzung 3. Umschlagseite)

WERKSTATTBÜCHER
FÜR BETRIEBSANGESTELLTE, KONSTRUKTEURE UND FACH-ARBEITER. HERAUSGEBER DR.-ING. H. HAAKE, HAMBURG
HEFT 30

Einwandfreier Formguß

Von

Prof. Dr.-Ing. Erdmann Kothny
Wien

Dritte neu bearbeitete Auflage
des Heftes „Gesunder Guß"
(15. bis 20. Tausend)

Mit 79 Abbildungen

Springer-Verlag
Berlin / Göttingen / Heidelberg
1953

ISBN-13: 978-3-540-01756-1 e-ISBN-13: 978-3-642-99842-3
DOI: 10.1007/978-3-642-99842-3

Inhaltsverzeichnis.

Einleitung. Von einem Gußstück verlangt man, daß es in jeder Hinsicht gut und fehlerfrei ist und mit dem geringsten Lohn-, Werkstoff-, Sach- und sonstigen Aufwand hergestellt werden kann. Das vorliegende Heft[1] soll dem Entwerfer und dem in der Gießerei Tätigen Richtlinien geben für die Erzeugung von „einwandfreiem" Formguß.

I. Arten und Vorteile des Formgusses.

1. Einteilung. Der Formguß wird durch Vergießen metallischer Werkstoffe in Formen hergestellt, deren Hohlraum dem zu erzeugenden Gußstück entspricht. Der Formguß wird einerseits nach dem Verfahren seiner Herstellung, andererseits nach dem verarbeiteten Werkstoff unterteilt (Tab. 1). Das Herstellungsverfahren hängt von dem Gußwerkstoff, der Gestalt, Größe und Stückzahl des Gußstückes ab. Es beeinflußt das Gefüge und damit die Festigkeitseigenschaften des Gußstückes (Tab. 2).

2. Sand- und Masseguß liegt vor, wenn der metallische Werkstoff ohne Druck in eine keramische, aus Sand oder Masse hergestellte Form vergossen wird. Die Art und Sorte des verwendeten Formstoffes hängt von der notwendigen Festigkeit und Feuerbeständigkeit der Form ab. Sandformen kommen für Gußstücke von der Mindestwandstärke bis zu einer bestimmten Wandstärke in Frage. Darüber hinaus muß Formmasse verwendet werden. Ist die nasse Sandform füllbar und ist mit einer Verdampfung der Formfeuchtigkeit während des Gießens und Erstarrens des Gußstückes nicht zu rechnen, so wird die Form naß oder „grün" vergossen — Naß- oder grüner Sandguß —. Ist eines oder beides nicht der Fall, so muß die Form getrocknet werden — trockener Sandguß —. Der Naßguß hat ein schöneres Aussehen, er besitzt infolge der rascheren und damit feinkörnigeren Erstarrung eine etwas höhere Festigkeit als der trockene Sandguß. Die Masseformen müssen gebrannt werden, da bei ihnen zur Erzeugung eines blasenfreien Gusses auch noch das gebundene Wasser des Formstoffes ausgetrieben werden muß. Die keramischen Formen werden meistens nur einmal verwendet. In der letzten Zeit sind jedoch auch keramische Formstoffe entwickelt worden, welche eine mehrmalige Verwendung der Form ermöglichen. Als Sand- und Masseguß können einfache und verwickelte Gußstücke aus allen Gußwerkstoffen hergestellt werden.

3. Kokillenguß ist Guß ohne Druck in metallische, meist Graugußformen, die je nach dem vergossenen Werkstoff bis 10 000 Güsse aushalten. Höhere Festigkeit infolge der rascheren und dadurch feinkörnigeren Erstarrung, geringerer Werkstoffaufwand durch die kleineren Bearbeitungszugaben und die infolge der höheren Festigkeit schwächeren Wandstärken, verminderter Abfall an Aufgüssen und Steigern, größere Maßgenauigkeit, besseres Aussehen, niedrigere Form- und Putzerlöhne, sowie kürzere Lieferfristen bei schon vorhandenen Formen sind seine Vorzüge gegenüber dem Guß in keramische Formen. Die hohen Kokillenkosten bedingen, daß er erst ab einer bestimmten Stückzahl (500 und mehr) wirtschaftlich ist. Infolge seiner hohen Festigkeit ersetzt er manchmal die teuere geschmiedete Ausführung des Werkstückes. In diesem Fall ist er schon bei kleineren Stückzahlen billiger als das Schmiedestück. Kokillenguß kommt wegen der Unnachgiebigkeit der Form nur für nicht zu stark schwindende, warmfeste Werkstoffe mit gutem Formfüllungsvermögen für kleine und mittlere Gußstücke in Frage.

[1] Die erste Auflage dieses Werkstattbuches ist 1926, die zweite 1938 erschienen.

Tabelle 1. *Einteilung des Formgusses und Verwendung der Herstellungsarten.*

nach dem Herstellungsverfahren in bezug auf die							nach dem Werkstoff						
							Guß aus technischem Eisen					Guß aus Metallen und Metalleg.	
							graues Roheisen	weißes Roheisen			Stahl	Schwer-metalle u. deren Leg.	Leicht-metalle u. deren Leg.
							Gußeisen			Temperguß	Stahlguß	Metall-Guß Bezeichnung nach Werkstoff und Verfahren z. B.	
							Grauguß	Hartguß					
	Art des Vergießens	Art der Form				Bezeichnung des Gusses	unleg. od. leg.	Walzen- u. Schalen- unleg. oder leg.	Voll- oder Weiß- (selten)	schwarz oder weißkernig	unleg. oder leg.	Bronze Kokilleng.	Alum. Druckguß
ohne Druck durch	Schwerkraft	ruhende	keramische, meist nur einmal verwendbare Form aus	Formsand			sehr dünne und dickste Wandstärken des Sandgusses						
					getrocknet	trockener Sandguß	/	für den Formteil, der grau erstarren soll	/	/	/	/	/
							mittlere Wandstärken des Sandgusses						
					naß oder grün	grüner Sandguß	/		/	—	/	/ Ausnahme Ni-Guß	/
				Form-Masse	Lehm	Masseguß	/		/	—	—	/	—
					Schamotte		—	—	—	—	/	—	—
			metallische Dauerform-Kokille		ungekühlt	Kokillenguß (K)[1]	/	/	—	—	—	/ Ausnahme Ni-Guß	/
					gekühlt								
	Schwer- u. Zentrifugalkraft	kreisende	keramische Form			Schleud.- o. Zentrifugalguß (Z)[1]	/	—	—	—	/	/	/
			metallische Form				/	—	—	—	/	/	/
mit Druck durch	Spritzen i. flüssigem Zustand	ruhende Stahlform				Druckguß[1] (D)	früher Spritzguß genannt					Pb-, Zn-, Sn-Leg.	Al- und Mg-Leg.
	Pressen im Erstarrungs-Zustand						früher Preßguß genannt					Zn- und Cu-Leg.	

1 Kennzeichen nach DIN 17006.

4. **Schleuderguß** liegt vor, wenn metallischer Werkstoff ohne Druck in eine kreisende metallische oder keramische Form vergossen wird. Das Schleudern der Form bewirkt ein scharfes vollkommenes Ausfließen des Werkstoffes, seine dichte lunkerfreie, feinkristallinische Erstarrung, sowie die Ausscheidung der Gase und nichtmetallischen Schwebestoffe. Schleuderguß ist daher fester und fehlerfreier, an der Oberfläche porenfreier und gleichmäßiger hart als Sand- und Masseguß. Er zeichnet sich diesem gegenüber weiter aus durch geringeren Werkstoffverbrauch — Fortfall oder Einschränkung der Aufgüsse und Steiger —, verminderten Aufwand an Formstoff, Form- und Putzlohn — kernlose Arbeit —. Sein Nachteil sind die notwendigen teueren Gießeinrichtungen, so daß er nur für Massenware in Betracht kommt. Das Schleudergießen ist außerdem an eine bestimmte Gestalt des Gußstückes gebunden. Es wird zur Erzeugung von Rohren, Zylindern, Büchsen,

Ringen, Radreifen, Zahnkränzen, Rädern, Lagerschalen, Bremstrommeln und Voll- und Hohlblöcken verwendet. Die Größe der Gußstücke ist ziemlich unbegrenzt, so werden heute durch Schleudern aus Messing und Bronze Hohlzylinder und Büchsen von 40···3000 mm Durchmesser in Längen bis zu 10 m mit Wandstärken von 4···55 mm hergestellt. Schleuderguß eignet sich ausgezeichnet zur Herstellung von Verbundguß. Als Werkstoffe kommen Reinmetalle und alle beim Schleudergießen nicht entmischbaren Schwermetallegierungen in Frage. Für Leichtmetalle ist Schleuderguß nicht geeignet, da infolge seines geringen spezifischen Gewichtes sehr hohe Schleuderzahlen und außerdem noch besondere Vorkehrungen gegen Oxydation notwendig sind.

5. Druckguß. Wird der metallische Werkstoff im vollkommen flüssigen oder im Erstarrungszustand *unter Druck* in eine aus unlegiertem oder legiertem Stahl hergestellte Form vergossen, so heißt der Guß *Druckguß*.

Tabelle 2. *Einfluß der Herstellung auf die Festigkeit des Gusses.*

Werkstoff	Zustand		Zugfestigkeit σ_{zB} kg/mm²	Bruchdehnung δ %	Brinell-Härte kg/mm²
Graugußrohre	Sandguß		17	—	—
	Schleuderguß		28	—	—
Sondermessing	Sandguß		40	22	115
	Schleuderguß		49	29	138
Gußbronze 10	Sandguß		20	15	60
	Schleuderguß		31	12	90
Aluminiumguß (GAl-Cu)	Sandguß	trocken	13	1,3	65
		grün	16,5	1,5	70
	Kokillenguß		22,5	3,0	80
Silumin (GAl-Si)	Sandguß		17···20	8···4	55···60
	Kokillenguß		23···25	5···3	70···75
	Druckguß		25···30	5···2	80···90
Messingguß (Ms 58)	Sandguß		18	4,7	74
	Druckguß		34	3,7	87

Er ist sehr genau und braucht nur bei kleinen Gewinden und Bohrungen spanabhebend bearbeitet zu werden; er wird daher als „Fertigguß“ bezeichnet. Druckguß ist fester als Kokillen- und Sandguß aus gleichem Werkstoff. Wegen der hohen Kosten der metallischen Form und der Gießmaschine ist diese Art der Fertigung, die den geringsten Lohn- und Werkstoffaufwand unter allen Gußarten beansprucht, erst bei Stückzahlen über 3000 wirtschaftlich; sie ist außerdem auf bestimmte Stückgrößen (Tab. 8) beschränkt. Hohe Temperaturen schwächen die Form, daher kann man unter Druck nur die nicht allzu hoch schmelzenden Werkstoffe vergießen. Druckguß wird aus Blei-, Zinn-, Zink-, Kupfer-, Aluminium- und Magnesiumlegierungen hergestellt. Voraussetzung ist ein weiter Erstarrungsbereich der Legierungen. In Amerika macht man derzeit Versuche mit Grauguß.

6. Vorteile des Formgusses. Das Formgießen ist die einfachste Art der spanlosen Formgebung der metallischen Werkstoffe. Es ermöglicht, daß die Werkstücke dem idealen Kraftflusse entsprechend gestaltet werden können. Es hat weiter den Vorteil, daß der Werkstoffaufwand und die sonstigen Kosten niedriger als bei den anderen spanlosen Formgebungsverfahren sind. Der Entwerfer soll daher vor dem Entwurf jedes Werkstückes prüfen, ob dasselbe als Gußstück verwendbar ist.

II. Allgemeine Bedingungen für einwandfreien Formguß.

A. Elf Hauptbedingungen für Entwurf und Herstellung von Gußstücken.

Gußstücke kann man nur dann in einwandfreier Güte mit den geringsten Kosten herstellen, wenn bei ihrer Gestaltung und Fertigung die folgenden Forderungen erfüllt werden:

a) Wahl des richtigen *Werkstoffes*, Angaben desselben sowie seiner Beanspruchung in der Zeichnung, gegebenenfalls auch seiner Wärmebehandlung und des dadurch herbeizuführenden Zustandes.

b) Übereinstimmung der Gestalt erstens mit dem zu erwartenden *Kraftfluß*: Beanspruchungsgerechter „oder gestaltfester" Entwurf, zweitens mit den zu erwartenden chemischen Beanspruchungen: „Korrosionsfester" Entwurf.

c) Anpassung der Gestalt an das Verhalten des Werkstoffes beim *Gießen*: „Gießgerechter" Entwurf. Diese Forderung ist insbesondere beim Kokillenguß wegen seiner großen Gießschwierigkeiten zu beachten. Richtiges und sorgfältiges Schmelzen und Vergießen.

Die Erfüllung dieser drei Forderungen ergibt den „werkstoffgerechten" Entwurf.

d) Geringste *Modellkosten*: „Modellgerechter" Entwurf. Einwandfreie Ausführung des Modelles.

e) Leichtes und einwandfreies *Einformen*: „Einformgerechter" Entwurf.

f) Einfaches und billiges *Putzen*: „Putzgerechter" Entwurf.

g) *Maßhaltigkeit* des Gußstückes: „Maßgerechter" Entwurf.

h) Berücksichtigung der *Wärmebehandlung* des Gußstückes, falls diese notwendig ist: „Wärmebehandlungsgerechter" Entwurf.

i) Einfache und leichte *Prüfung* des Gußstückes bei der Abnahme: „Prüfgerechter" Entwurf.

k) Einfache und billige *Bearbeitung*, sowie einfacher und leichter *Zusammenbau* der fertigen Teile mit geringstem Aufwand: „Werkzeuggerechter" Entwurf.

Richtige Durchführung der unter e, f, h, i und k angeführten Arbeiten. Die Maßhaltigkeit und die Kosten des Gußstückes hängen von der zweckmäßigen Ausführung der Arbeit in der Gießerei und der mechanischen Werkstätte ab. Sie zu erleichtern müßte der Gestalter Einrichtungen und Arbeitsweise derselben genau kennen. Dies ist nur selten der Fall. Deshalb:

l) Enges, d. h. verständnisvolles Zusammenarbeiten des Gestalters mit Modelltischlerei, Gießerei und Werkstatt. Dabei ist zu beachten, daß der Gießer nicht immer sofort zum Entwurf Stellung nehmen kann, er muß mitunter erst verschiedene Form- und Gießmethoden ausprobieren.

B. Richtlinien für die Werkstoffauswahl.

7. Die Beanspruchungen eines Gußstückes im Gebrauch bedingen in erster Linie die Auswahl seines Werkstoffes. Sie lassen sich in mechanische Zug-, Druck-, Biege-, Verdreh-, Abscher- und Verschleißbeanspruchungen, in physikalische und chemische Beanspruchungen einteilen. Die mechanischen können gleichmäßig, wechselnd oder stoßweise auftreten, sie können ebenso wie die physikalischen und chemischen bei Raum- oder anderen Temperaturen wirken. Außer einer Art der Beanspruchung können auch mehrere gleichzeitig auftreten.

In der überwiegenden Zahl der Fälle handelt es sich um mechanische Beanspruchungen bei *Raumtemperatur*. Die Eignung des Werkstoffes wird in diesem Falle durch seine mechanischen Eigenschaften[1] bestimmt. Bei gleichmäßigen Be-

---

[1] Werkstoffprüfung (Metalle), Heft 34.

anspruchungen wird im allgemeinen die Zugfestigkeit des Werkstoffes für die Beurteilung seiner Verwendung herangezogen. Richtiger ist es, statt der Zugfestigkeit die Streckgrenze für die Beurteilung heranzuziehen, weil die zulässige Höchstbeanspruchung darunter liegen muß. Haben zwei Werkstoffe bei sonst gleichen Werten der Zerreißprobe verschieden hohe Streckgrenzen, so ist der Werkstoff mit der höheren Streckgrenze der wertvollere. Bei seiner Verwendung kann das Gußstück leichter ausgeführt werden. Für die Auswahl werden in diesem Falle die Gesamtkosten des Gußstückes ausschlaggebend sein.

Bei wechselnden und stoßweisen Beanspruchungen ist die *Dauerfestigkeit* und die *Formänderungsfähigkeit* des Werkstoffes in Betracht zu ziehen. Letztere wird durch die Bruchdehnung und Einschnürung, insbesondere aber durch die Kerbzähigkeit des Werkstoffes zum Ausdruck gebracht. Treten bei den wechselnden Beanspruchungen die Höchsbelastungen in einer sehr großen Häufigkeit, aber in gleichbleibenden Höhen auf, so ist ein Werkstoff mit hoher Dauerfestigkeit und hoher Streckgrenze zu wählen. Seine Dehnung muß nicht hoch sein. Ist mit gelegentlicher starker Überlastung zu rechnen, so muß der Werkstoff eine große *Dehnung* besitzen, die eine große Arbeitsaufnahmefähigkeit zur Folge hat. Treten die mechanischen Beanspruchungen bei höheren Temperaturen dauernd auf, so wird die *Kriechgrenze* oder *Dauerstandsfestigkeit* des Werkstoffes den Ausschlag für seine Auswahl geben. Ist er nur vorübergehend höheren Temperaturen ausgesetzt, so ist die *Warmstreckgrenze* in Betracht zu ziehen.

Ist das Gußstück neben den genannten mechanischen Beanspruchungen noch einer rollenden oder gleitenden Reibung unterworfen, so muß die *Verschleißfestigkeit* des Werkstoffes mit berücksichtigt werden. In einzelnen Fällen wird die *Wärmeleitfähigkeit*, weiter die *Raumbeständigkeit* des Werkstoffes eine Rolle spielen, mitunter bedingen auch die *magnetischen* oder *elektrischen* Eigenschaften seine Verwendungsfähigkeit. Ist das Gußstück im Gebrauch chemischen Angriffen ausgesetzt — Atmosphäre verschiedener Art bei Raum- und höheren Temperaturen, Seewasser, Säure-, Alkali- und Salzlösungen —, so wird seine entsprechende Beständigkeit von Ausschlag sein. Die Rost- oder *Korrosionsbeständigkeit* ist bei wechselnden mechanischen Beanspruchungen von besonderer Bedeutung, weil durch Rostkerben die Dauerfestigkeit des Werkstoffes herabgesetzt wird. Ist das Gußstück mechanischen und physikalischen oder mechanischen und chemischen Beanspruchungen oder allen dreien ausgesetzt, so wird es dem Entwerfer oft schwierig sein, den richtigen Werkstoff herauszufinden. In diesen Fällen ist die Fühlungnahme mit dem Werkstoffachmann des eigenen Betriebes oder der Gießerei unerläßlich.

8. Zulässiges Stückgewicht und Wandstärke. Gußstücke, die eine bestimmte Standfestigkeit und Starrheit besitzen sollen, z. B. Maschinenrahmen, Grundplatten, oder eine bestimmte Masse, z. B. Schwungräder, Schwung- und Gegengewichte, müssen ein Mindestgewicht aufweisen. Gußstücke für den Fahrzeug-, Flugzeug- und Kraftfahrzeugbau, Eisen- und Straßenbahnwagen oder für die hin- und hergehenden Teile einer Maschine sollen ein Höchstgewicht nicht überschreiten. Aus der gesamten mechanischen Beanspruchung und dem zulässigen Querschnitt ergibt sich die Beanspruchung je Flächeneinheit. Im ersten Falle kann mitunter ein billigerer Werkstoff mit geringen mechanischen Eigenschaften herangezogen werden, während im zweiten Falle ein hochwertiger oder ein spezifisch leichter Werkstoff — Leichtmetall — gewählt werden muß. Bei dünnwandigen, großflächigen und verwickelt gestalteten Gußstücken wird das Formfüllungsvermögen des Werkstoffes seine Auswahl mit beeinflussen.

9. Kosten des Gußstückes. Kommen für die Herstellung eines Gußstückes mehrere Werkstoffe in Frage, so sind bei gleicher Lebensdauer die Quotienten aus den Gesamtkosten und der zu erwartenden Dauerhaftigkeit der Maßstab für die Auswahl. Hat das Gewicht des Gußstückes einen Einfluß auf die Betriebskosten der Maschine, so muß bei dem Vergleich der Gesamtkosten auch der Gewinn berücksichtigt werden, der sich mit dem leichteren Gußstück bei den Betriebskosten ergibt. Sollten durch die Verringerung der Ausmaße des aus einem hochwertigen Werkstoff hergestellten Gußstückes die Kosten der übrigen Teile des Bauwerkes, in welches das Gußstück eingebaut wird, eine Verminderung erfahren, so ist auch dieser Umstand bei dem Vergleich der Gesamtkosten zu berücksichtigen.

III. Eigenschaften der wichtigsten Formgußwerkstoffe[1].

A. Grauguß unlegiert und legiert[2].

10. Einteilung. Grauguß (GG)[3] ist in Formen vergossener Eisenwerkstoff mit mehr als 1,7% C, der vollkommen oder teilweise in freier Form vorhanden ist. Er ist in allen Zonen grau und wird in unlegierten und legierten Grauguß eingeteilt. Setzt man dem Grauguß mehr als 4 % Si, mehr als 1,5 % Mn oder eines oder mehrere der Elemente: Ni, Cr, Mo, Al, Cu und andere zu, um seine Verwendungseigenschaften zu regeln, so liegt legierter Grauguß vor. Infolge des überwiegenden Einflusses der Menge, Form und Verteilung des Graphites auf die mechanischen Eigenschaften des Graugusses mit blättrigem Graphit kommt die Einwirkung der Legierung hierauf nicht in dem Ausmaße wie beim Stahl zur Geltung. Der Grauguß wird daher nur dann legiert, wenn es auf besondere physikalische, chemische oder andere Eigenschaften, wie Wandstärkenunempfindlichkeit, Raumbeständigkeit, Verschleißfestigkeit, Nitrierbarkeit, ankommt. Dementsprechend liegt die Erzeugung an legiertem Grauguß unter 5% der Gesamterzeugung an Grauguß. Der Grauguß wird der Verwendung nach eingeteilt in: Bau- und Handelsguß, Kunst- und Feinguß, Maschinenguß ohne und mit besonderen mechanischen Eigenschaften, Maschinenguß mit besonderen magnetischen Eigenschaften, säure-, alkali-, und feuerbeständigen Guß und besondere Gußerzeugnisse.

11. Gefüge, Wandstärkenempfindlichkeit, Treffsicherheit, Gefüge- und Raumbeständigkeit. Grauguß baut sich aus einer stahlartigen metallischen Grundmasse auf, die durch den ausgeschiedenen Erst- (Graphit) und Zweitkohlenstoff (Temperkohle) unterbrochen ist. Das Gefüge des unlegierten Graugusses hängt von seinem Gehalt an gebundenem C ab. Bei legiertem Grauguß wird es auch noch durch die Art und Höhe der Legierung bestimmt. Der unlegierte Grauguß kann folgendes Gefüge haben: ferritisches (geb. $C = 0$), unterperlitisches, (geb. $C \leq 0{,}85$), reinperlitisches (geb. $C \approx 0{,}85$), überperlitisches (geb. $C = 0{,}86$ bis 1,7%). Das letztgenannte Gefüge kommt praktisch kaum vor. Der freie C tritt entweder in grob- oder feinblättriger oder in grob- oder feinkörniger Form oder in Kugelform auf. Seine Menge, Art und Verteilung bestimmt die Stärke und die Art der Unterbrechung der stahlartigen Grundmasse, durch beide werden seine mechanischen Eigenschaften in erster Linie beeinflußt. Sie sind weiter von dem Gefüge der metallischen Grundmasse abhängig. Grauguß höchster Festigkeit muß ein rein perlitisches Gefüge bei geringstem Gesamtkohlenstoffgehalt und bei kugeliger und gleichmäßiger Ausscheidung des Graphites aufweisen. Es liegt dann die festeste

[1] In diesem Kapitel sind Vorgänge des erstarrenden Metallgefüges erwähnt, die erst im Abschnitt VA näher besprochen werden. Vgl. ferner betr. Gefügeaufbau der Werkstoffe Heft 64.
[2] Der Grauguß, Heft 19.
[3] Kennzeichen nach DIN 17006.

metallische Grundmasse mit geringster und günstigster Unterbrechung vor. Die Graphitausbildung kann durch den Grad der Überhitzung der Schmelze, ihre Feinung und Schlackenbehandlung, ihre Zusammensetzung und die Gußbedingungen beeinflußt werden. Das Gefüge der metallischen Grundmasse wird durch die Zusammensetzung des Graugusses und durch die Gußbedingungen, insbesondere die Wandstärke des Gußstückes, bestimmt. C, Si, Al, Ni, Cu, P beschleunigen den Zerfall des Eisenkarbides, sie sind nach ihrer Wirkung fallend geordnet. Mn, Mo, Cr, V, Ti verzögern ihn, sie bilden selbst Karbide, sie sind ebenfalls fallend geordnet. Der Mn-Gehalt des unlegierten Graugusses ist fast immer gleich, sein Gefüge wird daher von seinem C- und Si-Gehalt und den Gußbedingungen bestimmt.

Der Einfluß der Wandstärke auf das Gefüge wird nach Mitsche „Wandstärkenempfindlichkeit" genannt. Sie liegt bei allen Gußwerkstoffen vor, da die Wandstärke die Größe und Gestalt der Kristallite beeinflußt. Beim Grauguß kommt noch ihr Einfluß auf die Art des Gefüges hinzu, er ist daher wandstärkenempfindlicher als alle anderen Gußwerkstoffe. Hochbeanspruchte Gußstücke sollen in allen Querschnitten gleiches Gefüge aufweisen. Sie müssen aus wandstärkeunempfindlichem Grauguß hergestellt werden. Abb. 1 zeigt, daß unlegierter Grauguß diese Eigenschaft um so stärker besitzt, je niedriger die Summe seines C- + Si-Gehaltes ist. Bei Grauguß mit Kugelgraphit ist es notwendig, daß der Graphit auch in den dicken Wandstärken in Kugelform vorliegt. Der Wandstärkeunempfindlichkeit entspricht die *Treffsicherheit.* Beide Eigenschaften werden durch Ni, ferner durch Cr und Ni im Verhältnis von 1:2 bis 3 und durch Mo verbessert.

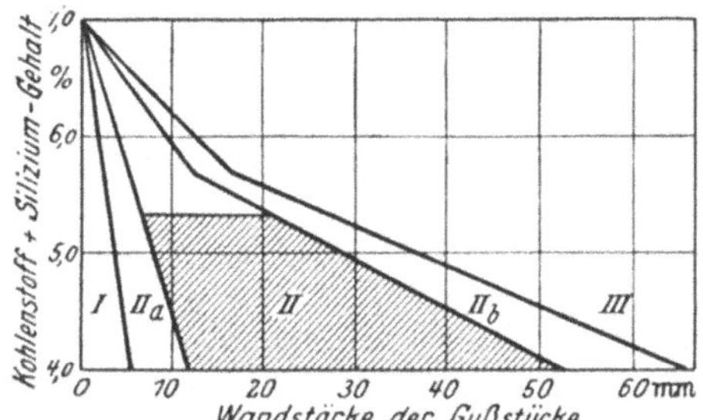

Abb. 1. Gußeisendiagramm nach *Greiner-Klingenstein.* II = rein perlitisches Gefüge.

Wird Grauguß mit gebundenem Kohlenstoff dauernd hohen Temperaturen ausgesetzt (z. B. Teile von Hochdruckdampfturbinen), so kann das Eisenkarbid zerfallen, wodurch sich die Eigenschaften des Gußstückes ändern und sein Rauminhalt zunimmt (*Erstwachstum*). Erfolgt die Erhitzung in einer oxydierend wirkenden Atmosphäre, so nimmt insbesonders bei grobblättrigem Graphit der Raumgehalt des Gußstückes infolge seiner Oxydation entlang der Graphitblätter weiter zu (*Zweitwachstum*). Beginn und Stärke des Eisenkarbidzerfalles hängt von der Zusammensetzung des Graugusses und der Höhe der Temperatur ab. Unlegierter Grauguß ist um so gefügebeständiger, je niedriger sein C- + Si-Gehalt ist. Die Stärke der Oxydation wird durch die Zusammensetzung des Graugusses, die Gestalt seines Graphites und die Zusammensetzung der Atmosphäre bestimmt. Der Graphit soll mindestens feinblättrig sein, am günstigsten ist die Kugelform. Durch Legierung des Graugusses mit Ni, Cr, Mo und CrNi werden beide Arten des Wachstums herabgesetzt.

12. Technologische Eigenschaften. Grauguß gehört zu den leicht schmelzbaren Eisenwerkstoffen, er füllt die Formen gut aus. Sein Fließ- oder Formfüllungsvermögen ist bei rein eutektischer Zusammensetzung am besten. Es wird durch den Abguß einer Gießspirale bestimmt. Die Richtlinien für ihre Herstellung hält der Entwurf des VDG-Merkblattes „Gießspirale zur Bestimmung des Fließvermögens" fest. Die flüssige und die Erstarrungsschwindung oder Schrumpfung und die feste Schwindung des Graugusses sind geringer als jene der anderen

Eisenwerkstoffe (Abb. 14, Tab. 13, S. 33). Er lunkert daher weniger und ist spannungsfreier als diese. Grauguß ist dementsprechend gut vergießbar, er weist wie alle Eisenwerkstoffe Kristall- und bei ungleichmäßiger Erstarrung auch Blockseigerungen auf. Bei nicht zu hohem P- und S-Gehalt ist er warmverformbar, Grauguß mit Kugelgraphit ist auch kalt verformbar. Übersteigt sein Gehalt an gebundenem C 0,3%, so ist er vergüt- und härtbar. Bei unlegiertem Grauguß mit blättrigem Graphit ist durch die Vergütung, infolge des überwiegenden Einflusses der Menge und Verteilung des Graphites auf die mechanischen Eigenschaften, keine wesentliche Verbesserung derselben zu erzielen, unlegierter Grauguß mit blättrigem Graphit wird daher kaum vergütet. Für Grauguß mit Kugelgraphit kommt die Vergütung jedoch in Frage, er wird auch geglüht und zwischenstufengehärtet. Diese Warmbehandlungen kommen auch für den legierten Grauguß in Frage. Mit Cr und Al legierter Grauguß ist nitrierbar. Bei entsprechendem Gehalt an gebundenem C ist der Grauguß flammhärtbar, auch bei dieser Wärmebehandlung ist die Kugelform des Graphites vorteilhaft. Grauguß ist kalt, besonders aber warm schmelzschweißbar. Der Entwurf des VDG-Merkblattes „Schweißen von Grau- und Hartguß" gibt Aufschluß über die Verwendungsmöglichkeiten der verschiedenen Schmelz-Schweißverfahren. Gußstücke, deren Stoff durch Dampf oder Feuergase zerstört wurde, werden mit Messinglot hart gelötet. Zur Ausbesserung von Gußfehlern wird an Stelle des Schweißens das „Gussolit" Lötverfahren mit Erfolg verwendet. Grauguß läßt sich nur unter besonderen Vorkehrungen autogen schneiden. Seine Zerspanbarkeit durch Drehen und Hobeln steht im engen Zusammenhang mit seiner Brinell- und Rockwellhärte. Grauguß mit Kugelgraphit ist bei gleicher Brinellhärte leichter zu bearbeiten als solcher mit blättrigem Graphit.

13. Mindestwandstärken, Schwindmaße, Gewichts- und Maßabweichungen, Bearbeitungszugaben. Die Mindestwandstärke ist bei einfachen Gußstücken 2, bei verwickelten 3 mm. Die Durchschnittsschwindmaße des Graugusses sind in Tab. 14 S. 47, wiedergegeben. Das Gewicht der Gußstücke darf nach DIN 1691 das Gewicht eines maßhältig gegossenen Gußstückes bei Modellarbeit um nicht mehr als 5%, bei Schablonenarbeit oder Arbeit mit Skelettmodellen um höchstens 10% überschreiten. Das Gußstück darf jedoch, sofern keine besonderen Vereinbarungen getroffen wurden, erst bei einem Übergewicht von 15% verworfen werden. Der Berechnung des Gewichtes ist bei dünnwandigem Grauguß (4···8 mm) eine mittlere Wichte von 7,4 kg/dm³, bei den darüber liegenden Wandstärken die Wichte von 7,25 kg/dm³ zugrunde zu legen. Die zulässigen Maßabweichungen der Gußstücke für den Großmaschinenbau gibt Tab. 15, S. 59, wieder. Für gußeiserne Rohre und Formstücke gelten die Vorschriften der DIN 2420. Für die Bearbeitungszugaben kommen die Richtlinien der Tab. 16, S. 59 in Betracht.

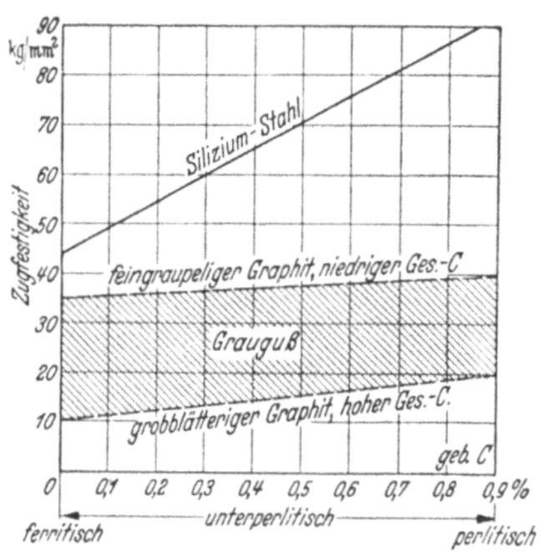

Abb. 2. Festigkeitsgrenzen des unlegierten Graugusses.

14. Mechanische Eigenschaften. Infolge der Unterbrechung der metallischen Grundmasse des Graugusses sind seine mechanischen Eigenschaften wesentlich niedriger, als die des gleich zusammengesetzten Stahles. Wie Abb. 2 bezüglich der Zugfestigkeit zeigt, hängt der Abfall der Festigkeit der metallischen Grundmasse sehr stark von der Form und der Menge des Graphites ab. Tab. 3 gibt die wichtigsten mechanischen Eigenschaften des genormten un- und schwach legierten Graugusses (DIN 1691) wieder, Tab. 4 gibt einen Überblick über die mechanischen Eigenschaften des Graugusses mit Kugelgraphit, der unlegiert oder bei Verwendung von NiMg Vorlegierung schwach nickelhaltig ist.

Die *Zugfestigkeit* wird je nach der Vereinbarung mit an- oder getrennt gegossenen Proben festgestellt, deren Wanddicke der „maßgebenden" Wanddicke, d. i. die Dicke der hauptsächlich beanspruchten Teile des Gußstückes, anzupassen ist. Sie ist nötigenfalls der Gießerei vom Besteller bekanntzugeben. Der Grauguß mit Kugelgraphit verhält sich bei der Zugprobe wie Stahl. En weist eine hohe Streckgrenze (Verhältnis von Streckgrenze zur Bruchgrenze bis 0,8), eine bleibende Dehnung und eine Einschnürung auf.

Ab 380···420° tritt bei gewöhnlichem Grauguß ein rascher Abfall der Zugfestigkeit ein. Hochwertiger Grauguß weist bei 600° noch Zugfestigkeiten von 12···13 kg/mm² auf. Die Warmfestigkeit wird durch Mo, Cr und Ni erhöht. Hochlegierter austenitischer Grauguß ist bei 800° noch warmfest. Bei niederen Temperaturen treten erst bei —80° merkliche Änderungen der Festigkeitseigenschaften ein.

Die *Biegefestigkeit* wird an getrennt gegossenen Rundstäben bestimmt, die ebenfalls der maßgebenden Wanddicke anzupassen sind. Ihr Verhältnis zur Zugfestigkeit wird von GG-14 zu GG-30 immer kleiner. Ihre Werte σ_{bB} und f_B ergeben folgende Kennziffern:

Durchbiegeziffer $= \sigma_{bB}/f_B$, Verbiegezahl $= Z_f = 100$ mal f/σ_{bB} und
Biegeprodukt = 100 mal Zugfestigkeit mal Verbiegungszahl.

Die Durchbiegungsziffer läßt nach Thum und Ude einen Rückschluß auf die Graphitausbildung zu. Der Graphit ist im allgemeinen bei Werten unter 3,3 grob, bei 3,4···4,75 mittelmäßig, bei mehr als 4,75 fein ausgeschieden. Die Verbiegungszahl kann nach Jungbluth und Heller ein Maßstab für die Wandstärkenempfindlichkeit sein. Bei $Z_f = 30$ und kleiner ist der Grauguß unempfindlicher, bei größeren Werten ist er empfindlicher. Sie eignet sich auch für die Beurteilung der Vorgänge vor Eintritt des Biegebruches. Das Biegeprodukt ist nach Meyersberg, der die Verbiegungszahl und das Biegeprodukt entwickelt hat, ein Maßstab in solchen Belastungsfällen, wo eine Spannung erst durch eine aufgezwungene Deformation zustande kommt.

Grauguß hat eine hohe *Druckfestigkeit*. Ihr Verhältnis zur Zugfestigkeit nimmt von GG-14 bis GG-30 von 4,27···3,42 ab. Bei Grauguß mit Kugelgraphit ist es noch kleiner. Er weist besonders im geglühten Zustand eine Quetschgrenze auf. Falls an dem Gußstück Innendruckversuche vorzunehmen sind, sind über das Druckmittel, die Druckhöhe und die Druckdauer bei der Bestellung besondere Vereinbarungen zu treffen.

Die *Verdrehfestigkeit* liegt zwischen Zug- und Biegefestigkeit.

Elastizitäts- und *Gleitmodul* sind wesentlich niedriger als beim Stahl. Sie sind beim Grauguß mit Kugelgraphit am größten, sein E-Modul erreicht im Gußzustand den Wert von 16 500 kg/mm². Das Absinken des E-Moduls für Zugbeanspruchung bewirkt bei gußeisernen Kurbelwellen, daß bei ihrer Ablenkung durch ein falsch sitzendes Lager die dadurch ausgelösten zusätzlichen Spannungen kleiner sind als bei Kurbelwellen aus Stahl.

Die *Biegeschwingungsfestigkeit*, die bis nahezu 500° unverändert bleibt, beträgt 0,4···0,6 der Zugfestigkeit. Ihr Verhältnis zur *Verdrehwechselfestigkeit* liegt in den Grenzen von 0,8···0,9. Beide Verhältniszahlen sind höher als beim Stahl.

Tabelle 3. *Einteilung, mechanische und magnetische Eigenschaften der nach Din 1691 genormten Grauguß-Sorten.*

Grauguß			Klasse Marke GG		Normaler Grauguß 12	14	18	hochwertig. Grauguß 22	26	Sonder-Grauguß 30[2]	Grauguß m. bes. magn. Eigensch. 12.9
Zugversuch (nach DIN 50109) an- o. getrennt gegossene Probe	roh bearb.	13 8	Der Probestab gilt für die maßgebende Wanddicke von mm: 4[1]…8	σ_B kg/mm²	12	18	22	26	—	—	12
	roh bearb.	20 12,5	über 8…15			16	20	24	28	—	
	roh bearb.	30 20	über 15…30			14	18	22	26	30	
	roh bearb.	45 32	über 30…50			11	15	19	23	25	
Biegeversuch (nach DIN 50 110) Proben getrennt gegossen	d L l[3]	13 300 260	4…8	σ_{bB} kg/mm² (f_B = Durchbiegung mm)	— —	32 (2)	38 (2)	44 (3)	—	—	Magnetische Induktion > B_{100} 9500, B_{50} 8000, B_{25} 6000, $B_{12,5}$ 4000 CGS-Einheiten (Gauss)
	d L l	20 450 400	über 8…15		— —	30 (4)	36 (4)	42 (5)	48 (5)	— —	
	d L l	30 650 600	über 15…30		—	28 (7)	34 (7)	40 (8)	46 (8)	48 (8)	
	d L l	45 950 900	über 30…50		—	24 (16)	30 (10)	36 (11)	42 (11)	45 (11)	
Biegeschwingungsfestigkeit, Probe: d = 9 mm			poliert gekerbt	kg/mm²	6 6	8 8	10 9,5	11 10	12,5 11	14 12,5	6 6
Dauerschlagbiegeversuch[4]			Schlagzahl bis zum Bruch		25	50	220	400	600	950	—
Brinellhärte 3000/10/30			kg/mm² Verhältn. zu σ_B		140 0,09	175 0,08	185 0,1	190 0,11	220 0,12	240 0,12	140 0,09
E-Modul	Druck	nahezu unabhängig von der Belastung		kg/mm²	7300	9000	10 600	12 000	12 800	14 150	7300
	Zug	Mittelwert bei Belast. von kg/mm² von 1 bis	4		6500	8300	10 300	11 200	12 800	12 800	6500
			8		4300	7000	9300	10 900	12 500	12 200	4300
Gleitmodul 50 mm			4		2950	3750	4300	4800	5100	5500	2950
			8		2400	3300	4100	4500	4900	5350	2400

[1] unter 4 und über 50 mm Wandstärke sind mit der Gießerei besondere Vereinbarungen zu treffen.
[2] vorläufige Richtwerte, [3] Auflageentfernung, [4] Probe: d = 15 mm, 1 mm Rundkerb, 2 kg Bärgewicht, 3 cm Fallhöhe, nach jedem Schlag um 180° gedreht.

Tabelle 4. *Mechanische Eigenschaften des Graugusses mit Kugelgraphit.*

Zugversuch Gütewert	Guß-zust. (perl.)	gegl. (fer.)	Zwischenstufengehärt. (nadel.)	Brinellhärte Zustand	kg/mm²	Verh.: Zugf.	Biegefestigkeit kg/mm²	Druckprobe Gütewert	kg/mm²	Schlagf.[1] mkg/cm² Guß-zust.	gegl.
Zugfestigkeit kg/mm²	55…71	45…55	120	Gußzust. (perl.)	230…280	0,25	80…120	Druckfestigkeit kg/mm²	85…125	3,5	5,5
Streckgrenze kg/mm²	39…52	30…39	80	gegl. (ferr.)	140…180	0,3				Wechselbiegefestigkeit kg/mm²	
Dehnung %	3…1	20…10	—	Zwischenstufengehärt. (nad.)	364	0,3	85…95	Quetschgrenze kg/mm²	40…60	25…30	15…20
Einschn. %	3,6	12…15	—								

[1] ungekerbt, 20 mm rund, mit dem Izodhammer geschlagen.

Anmerkung: Zu den in den Tabellen dieses Buches genannten DIN-Blättern wird bemerkt: Maßgebend ist die neueste Ausgabe des betr. Normblattes, die vom Beuth-Vertrieb, Berlin W 15 oder Köln, zu beziehen ist.

Grauguß ist infolge der Graphiteinschlüsse ein *kerbunempfindlicher* Werkstoff. Seine Dauer- oder Wechselfestigkeit werden, wie die Werte der gekerbten Biegeschwingungsfestigkeitsproben der Tab. 3 zeigen, durch äußere Kerben um so weniger herabgesetzt, je stärker seine metallische Grundmasse durch den Graphit unterbrochen ist. Er ist trotzdem ziemlich gestaltempfindlich.

Grauguß hat eine hohe *Spitzenunempfindlichkeit*, d. h. er erträgt unter hohen Spannungsspitzen einen örtlich höheren Gleitwiderstand ohne zu reißen.

Grauguß gehört zu den *dämpfungsfähigen* Werkstoffen. Er bringt Schwingungen rasch und weit unter der Wechselfestigkeit zum Abklingen, und zwar umso schneller, je gröber der Graphit ausgebildet ist. Beim hochwertigem Grauguß wird die Dämpfungsfähigkeit erst in der Nähe der Schwingungsfestigkeit deutlich.

Die *Schlagbiegezahl* nimmt mit der Wertigkeit des Graugusses ab (s. Tab. 3). Die spez. Schlagarbeit ist erst von der Marke GG 18 ab feststellbar. Sie übersteigt an ungekerbten Proben selbst bei Grauguß mit Kugelgraphit den Wert von 5,5 mkg/cm² nicht.

Grauguß weist gute *Gleiteigenschaften* auf. Seine *Verschleißfestigkeit* bei gleitender Reibung ist am besten bei reinstreifig-perlitischer Grundmasse und nicht zu starker Unterbrechung derselben durch blättrigen Graphit. Der Graphit verleiht dem Grauguß Notlaufeigenschaften. Über die Verschleißfestigkeit des Graugusses mit Kugelgraphit liegen noch keine Erfahrungen vor.

15. Physikalische und chemische Eigenschaften. Die mittlere Wichte des un- und niedriglegierten Graugusses ist bei Wandstärken bis 8 mm 7,4, bei größeren Wandstärken 7,25 kg/dm³. Die Brinellhärten der genormten Marken gibt die Tab. 3, jene des Graugusses mit Kugelgraphit die Tab. 4 wieder. Tab. 3 enthält auch die Angaben über die magnetische Induktion, die für den Grauguß mit besonderen magnetischen Eigenschaften nach DIN 1691 zu gewährleisten ist. Austenitischer Grauguß ist unmagnetisch. Die elektrische Leitfähigkeit des Graugusses ist gering. Sie hängt wie die Wärmeleitfähigkeit von der Zusammensetzung und der Graphitmenge und -Art ab. In beiden Fällen ist die Kugelform die günstigste Form des Graphites.

Unbearbeiteter Grauguß ist durch den Schutz der Gußhaut widerstandsfähig gegen das Rosten. Durch Legierungszusätze läßt sich Grauguß herstellen, der jeder chemischen Beanspruchung gerecht wird. Säurebeständiger Grauguß muß P- und S-arm, alkalibeständiger P-, Si- und Mn-arm sein. Feuerbeständiger Grauguß soll mehr als 3% C und weniger als 0,5% P enthalten. Bei allen chemischen Beanspruchungen ist es vorteilhaft, wenn der Graphit zumindest in feinblättriger Form vorliegt, noch besser ist seine Kugelform.

16. Anwendung des Graugusses. Grauguß ist der billigste, auch in den verwickeltsten Formen herstellbare Eisenwerkstoff. Der Grauguß mit blättrigem Graphit scheidet als Wettbewerber gegenüber Stahl-, Temperguß und warmverformtem Stahl nur dann aus, wenn Schlagzähigkeit vom Werkstoff verlangt werden muß; der Grauguß mit Kugelgraphit kann auch in diesen Fällen in Betracht gezogen werden. Grauguß ist in allen Zweigen der Technik weitgehend verwendbar. Nahezu die Hälfte des im Maschinenbau verwendeten Eisens ist Grauguß. Sein Anteil am Welteisenverbrauch beträgt ungefähr 20%.

B. Hartguß.

Hartguß (GH)[1] ist entweder in Formen vergossener, durch und durch weiß erstarrender, nicht schmiedbarer Eisenwerkstoff, Vollhartguß genannt, oder in Formen vergossener, grau erstarrender, nicht schmiedbarer Eisenwerkstoff, der in einzelnen

[1] Kennzeichen nach DIN 17006.

Teilen der Form durch Verwendung von Kokillen an der Oberfläche abgeschreckt wird. Dieser Hartguß heißt Schalen- und bei Walzenform Walzenhartguß, er ist nur in den äußeren Zonen der abgeschreckten Teile weiß, nach der Mitte zu geht er allmählich in Grauguß über. Bis auf den Walzenhartguß, der bei notwendiger großer Härte und dicker Härteschicht mit Cr und Ni legiert wird, ist der Hartguß unlegiert.

Weißhartguß muß eine bestimmte Härte besitzen, die in Shoreeinheiten, seltener in Brinell- oder Rockwellhärte ausgedrückt wird. Schalen- und Walzenhartguß müssen eine bestimmte Oberflächenhärte und Abschrecktiefe aufweisen und im Kern eine bestimmte Zug- und Biegefestigkeit besitzen. Härte und Tiefe der Schale hängen von der Zusammensetzung, der Schmelztemperatur und dem Abkühlungsverhältnis ab, die durch die Gußbedingungen bestimmt sind. C, Mn, Cr erhöhen die Härte, Mn, W, Cr, V, Ti erhöhen die Schrecktiefe. P und S darf bei Schalenhartguß nicht zu hoch sein. Unlegierter Schalenhartguß hat eine Shorehärte bis 82, legierter bis 100 bei einer Abschrecktiefe bis zu 42 mm. Hartguß ist verschleißfest. Er kann nur mit hochwertigem Schnelldrehstahl oder Hartmetall oder durch Schleifen bearbeitet werden. Die Form füllt er gut aus, neigt aber, soweit er weiß erstarrt, sehr zum Lunkern und festen Schwinden.

Hartguß wird für Teile verwendet, die an bestimmten Stellen verschleißfest sein müssen, aber sonst keinen allzu hohen mechanischen Beanspruchungen ausgesetzt sind.

C. Temperguß und Stahlguß[1].

17. Temperguß (GT)[2] ist in Formen vergossenes, weiß erstarrendes Gußeisen mit 2…3,5%, das im Rohzustand Temperrohguß genannt wird. Der Rohguß ist nicht schmiedbar und kaum bearbeitbar. Er wird durch entkohlendes Glühen (Glühfrischen) in den ein weißes Bruchaussehen aufweisenden weißen Temperguß (GTW) übergeführt oder durch ein nicht entkohlendes Glühen in den schwarzen Temperguß oder Schwarzguß (GTS) verwandelt, der ein schwarzes Bruchaussehen besitzt. Eine Abart des Schwarzgusses ist der Bohrguß, der neben der Temperkohle auch noch Graphit enthält. Ein Übergang zwischen dem weißen und dem schwarzen Temperguß ist der Schwarzkernguß, der neben dem schwarzen Kern einen schmalen weißen Rand zeigt. Schwarzguß wird auch legiert, so daß er in unlegierten und legierten Schwarzguß zu unterteilen ist. Nach der DIN 1692 wird der unlegierte weiße und schwarze Temperguß in die handelsübliche Güteklasse GTW 35 und GTS 35 und die hochwertige Güteklasse GTW 40 und GTS 38 eingeteilt.

18. Stahlguß (GS)[2] ist in Formen vergossener Tiegel-, Siemens-Martin-, Bessemer- oder Elektrostahl. Es können alle Arten der Bau- und Werkzeugstähle auf Stahlguß verarbeitet werden. Bei Werkzeugstählen kommt dies jedoch kaum vor. Der Stahlguß wird in unlegierten und legierten Stahlguß eingeteilt. Von dem unlegierten Stahlguß ist nur der weiche und mittelharte genormt. Er wird nach der DIN 1681 in drei Klassen: Normal-, Sondergüte und Stahlguß mit besonderen magnetischen Eigenschaften eingeteilt. Über den legierten Stahlguß liegen nur die DIN 17245 und die Kriegsmarinenorm 9106 vor, die Stahlguß mit gewährleisteten Warmfestigkeitseigenschaften betreffen. KM 9106 umfaßt auch eine rostbeständige Stahlgußmarke.

---

[1] Bezüglich Gefüge, Verarbeitungs-(technologischer) und Verwendungs-(mechanischer, physikalischer und chemischer) Eigenschaften sowie der Anwendungsgebiete beider Gußarten wird aus Platzmangel auf das Heft 24, „Stahl- und Temperguß", verwiesen.

[2] Kennzeichen nach DIN 17006.

D. Schwermetallguß.

Ohne Druck vergossener Schwermetallguß wird aus den Metallen Blei, Kupfer, Nickel und den Blei-Zink-Kupfer- und Nickelgußlegierungen hergestellt.

19. Bleiguß. Von den Bleiwerkstoffen werden Weichblei und Blei-Antimonlegierungen in Sandformen und in Kokillen vergossen. Sie sind leicht schmelzbar. Die Formfüllbarkeit ist beim Blei und der eutektischen Legierung sehr gut, bei den dazwischen liegenden Legierungen fällt sie stark ab. Ihre Schrumpfung und feste Schwindung ist verhältnismäßig gering. Das lineare Schwindmaß von Reinblei ist bei Sandguß 0,75%, bei Kokillenguß 0,94%. Bleiguß ist schmelzschweißbar, er ist chemisch sehr widerstandsfähig. Für die Bearbeitungszugaben gelten für ihn und für alle Arbeiten des Schwer- und Leichtmetallgusses die in Tab. 16, S. 59 wiedergegebenen Richtlinien. Als Bleisandguß werden aus Hartblei mit 2···10% Antimon säurefeste Verdampfungsgefäße, Ventile, Pumpen, Rührwerke u. a. Gußstücke für die chemische Industrie hergestellt. Durch Kokillenguß werden aus Weich- und Hartblei Akkumulatorenplatten und aus Bleilagerlegierungen Lagerausgüsse angefertigt.

20. Zinkguß. Die Zinkgußlegierungen sind durch DIN 1724 genormt. Sie sind leicht schmelzbar, sehr gut vergießbar, sie schrumpfen weniger als die anderen metallischen Gußwerkstoffe und haben auch eine geringe feste Schwindung (s. Tab. 13.) Tab. 5 gibt ihre gewährleisteten Festigkeitseigenschaften, Brinellhärte, Wichte und Beispiele ihrer Verwendung wieder. Zinkguß ist leicht zerspanbar, gut schmelzschweiß- und lötbar. Er ist gegen Angriffe der Atmosphäre widerstandsfähig. Gegenüber anderen chemischen Angriffen ist er dem Messingguß unterlegen.

21. Kupferguß wird aus Kupfer und den Kupferlegierungen Gußbronze, Rotguß, Messing, Aluminium- und Bleibronze hergestellt. Er ist durch DIN 1726 genormt. Ergänzende Normblätter und Leistungsbeschreibungen sind: DIN 1705, 1709, 1714 und 1716. Kupfer und seine Legierungen sind infolge ihrer leichten Oxydation schwierig schmelzbar. Ihr Formfüllungsvermögen ist verschieden. Am besten läßt sich Rotguß vergießen, am schlechtesten Bleibronze und Kupfer. Sie schrumpfen stärker als Stahl, sie gehören zu den am stärksten schwindenden metallischen Gußwerkstoffen (s. Tab. 13, S. 33). Die Kupfergußlegierungen sind schmelzschweiß- und lötbar, sie sind etwas leichter als der unlegierte Stahl zerspanbar. Tab. 5 gibt die nach der DIN 1726 gewährleisteten Festigkeitswerte, die Brinellhärte, Wichte, ihr Schwindmaß und Verwendungsbeispiele wieder. Aluminiumbronze ist warmfester als die anderen Kupfergußlegierungen. Sie kann ohne Bedenken noch bei Temperaturen bis 200° verwendet werden. Sie ist auch verschleißfest. Alle Kupfergußwerkstoffe sind widerstandsfähig gegenüber der Atmosphäre, Sondermessing und Aluminiumbronze widersteht dem Seewasser. Aluminiumbronze eignet sich für Beizgeräte, sie oxydiert selbst bei höheren Temperaturen nur schwach. Bleizinnbronze wird infolge ihres günstigen chemischen Verhaltens für Gußstücke für chemische Betriebe verwendet. Mit Ausnahme der Blei- und Bleizinnbronze können alle anderen Kupfergußlegierungen auf nassen, trockenen Sand-, auf Kokillen- und Schleuderguß verarbeitet werden. Die bleihältigen Cu-Legierungen können nicht geschleudert werden. Kupferguß ist nur Sandguß.

22. Nickel-, Monelmetall- und Nickelchromguß. Die Nickelgußwerkstoffe sind schwer schmelzbar und vergießbar, sie schrumpfen und schwinden beinahe so stark wie der Stahl. Tab. 5 gibt die Festigkeitswerte des Nickel- und Monelmetallgusses, ihre Brinellhärte, Wichte, Schwindmaß und ihre Verwendung wieder. Nickel- und Monelmetallguß sind verhältnismäßig fest, Monelmetallguß ist verschleiß- und

Tabelle 5. *Eigenschaften von Schwermetallguß-Zinklegierungen, Kupfer und Kupferlegierungen, Nickel und Nickellegierungen.* Siehe die Anmerkung unter Tabelle 4, Seite 12.

Werkstoff und DIN-Nr.		Kurzzeichen		σ_{zS} > kg/mm²	σ_{zB} > kg/mm²	δ_5 > %	H_B > kg/mm²	Wichte kg/dm³	% Schwindmaß Sand-guß	% Schwindmaß Kok.-guß	Verwendung
Zinkguß-legierungen DIN 1724		GZn	Al 1	—	10	0,5	50	7,1	1,1	—	Gußstücke geringer Festigkeit, insbesondere wenn Haltbarkeit ohne Sonderlote erforderlich
				—	14	1,0		7,1	—	1,6	
			Al 4	—	16	0,5	60	6,7	1,1	—	Gußstücke aller Art
				—	18	1,0				1,6	
			Al 4 Cu 1	—	18	0,5	70	6,7	1,1	—	Schneckenräder, Lager, Gußstücke aler Art
				—	20	1,0			—	1,6	
			Al 6 Cu 1	—	18	1,0	80	6,5	1,1	—	Wasserführende Armaturen, Gußstücke für die aus gießtechnischen Gründen die anderen Leg. nicht verwendet werden können
				—	22	1,5			—	1,6	
			Cu 5 Pb 2	—	—	—	60	7,2	auch Schleud.		Lager, gleit. Organe
Kupfer		GCu	E	—	20	25	55	8,9	1,86	—	Elektrotechnik, elektr. Leitfähigkeit 55 m/Ω
			B	—	20	20					Hochofenarmaturen (Windformen, Kühlringe, Heißwindschieber)
Cu und Cu-Legierungen DIN 1726	Kupfer	GCu		elektr. Leitfähigk. mindestens 45 m/Ω				8,9	1,86	—	für Gußstücke m. bes. hoh. Ansprüch. an Elastizität u. Wärmeleitfähigkeit
	Messing	G Ms 60		—	25	10	70	8,5	1,46	1,78	Gehäuse, Hochdruckarmaturen, Büchsen u. a.
		So GMs 68		—	—	—	—	8,5	1,8	2,0	hochbeanspr. Gleitorgane, auch Ventilsitze bes. Verbundausführ. stat. hochbeanspr. Teile im Fahrzeug-, Schiffs- u. Maschinenbau, insbes. Seewasserbau-Gußstücke
		So GMs 57		18 25	45 60	19 15	100 130				
	Guß-Bronze 12	G Sn Bz		—	20	8	80	8,8	—	—	Hochbeanspruchte Schneckenräder in Verbundausführung oder massiv
	Rotguß	Rg 5		—	15	10	60	8,6	Sandguß 1,4	1,6	Korrosionsbeanspr. Maschinenteile u. Armaturen
		SiRg 5		—	25	12	75	8,6	Schleuderguß 1,4	1,6	Gleitlager, Buchsen und ähnl. auf Verschleiß hochbeanspr. Teile, Verbundguß
	Al-Bronze	GAlBz 9		—	35	12	80	7,6	—	1,6	hochbeanspr. Schneckenräder u. Schnecken, warm- u. korrosionsfeste Teile, mögl. Verbundguß
		GAlMBz 10		—	35	12	130	7,6	1,4	2,2	bei hoher dynamischer Beanspruchung, besonders verschleißfest
	Pb-Bronze	Pb Bz 25		—	—	—	23···55	—	/	—	Verbundlager
	PbSn-Bronze	Pb SnBz 13		—	15	8	60	—			Lager, korr. best. Gußst für chemische Industrie
		Pb SnBz 22		—	15	9	50	—			Lager, Gleitorgane, Verbundguß
Nickel				—	50	26	90	8,65	1,99	—	Geräte d. chem. Ind., Armaturen, Ventilsitze, heißdampfbeständ. Teile
Ni-Leg.		Monel-Metall		—	50	30	130	8,86	2,0	—	Heißdampfarmaturen, Ventilspindeln
		Ni-Cr-Fe-Leg.		—	—	—	—	—	/	—	zunderfeste Gußstücke

erosionsfest. Alle Nickelgußwerkstoffe sind chemisch sehr widerstandsfähig. Der Nickelchromeisenlegierungsguß ist zunder- und warmfest. Aus den Nickelgußwerkstoffen wird nur Sandguß hergestellt.

E. Leichtmetallguß.

Leichtmetallguß wird in erster Linie wegen seiner geringen Wichte und seiner günstigen Festigkeitseigenschaften benützt. Sie haben zur Folge, daß die Gewichte der dem gleichen Zwecke dienenden Gußstücke aus Grau-, Stahl-, Aluminium- und Magnesiumguß bei gleicher Bruchsicherheit sich wie 100:60:40:30 verhalten. Wird gleiche Starrheit, d. h. gleiches Verhalten von Belastung zu Formveränderung verlangt, so ist das Verhältnis der Gußgewichte infolge des geringeren Elastizitätsmoduls der Leichtmetalle etwas ungünstiger, zumal wenn neben Biegungs- und Verdrehungs- auch noch Zugspannungen auftreten. Der trotz der Gewichtsersparnis noch immer höhere Preis der Leichtmetallgußstücke — etwa das Dreifache des Graugußpreises für die gleiche Raummenge — wird durch die Verkleinerung der Betriebsgewichte, der Versand- und Zollkosten, sowie durch die leichtere Zerspanung der Leichtmetalle aufgehoben. Die Verwendung des Aluminiumgusses beruht weiter auf seiner guten Leitfähigkeit für Wärme und Elektrizität und dem günstigen Verhalten gegen den Angriff der Atmosphäre und anderer chemischer Einwirkungen.

Bei der Gestaltung der Leichtmetallgußstücke ist auf den niedrigen Elastizitätsmodul, die geringe Kerbzähigkeit und das höhere Wärmeleitvermögen der Leichtmetallwerkstoffe Rücksicht zu nehmen.

23. Aluminiumguß wird aus Reinaluminium und den durch DIN 1725 vereinheitlichten Aluminiumgußlegierungen hergestellt. Aluminium schmilzt bei 658°, die eutektische Legierung GAl-Si 13 bei 570°. Die übrigen Legierungen schmelzen in einem Temperaturbereich, dessen obere Grenze unter der Schmelztemperatur des Al liegt. Das Formfüllungsvermögen ist bei der eutektischen Legierung sehr gut, am schlechtesten ist es bei den Cu-haltigen Gußlegierungen und beim Reinaluminium. Die Mindestwandstärken des Aluminiumgusses sind: Sandguß einfache Stücke 3 mm, verwickelte Stücke 4 mm, Kokillenguß einfache Stücke 2,5 mm, eutektische Legierung bei kleiner Flächenausdehnung bis 1,8 mm, verwickelte Gußstücke 2,5···3,5 mm. Die Schrumpfung des Al und seiner Legierungen ist verhältnismäßig groß, sie beträgt etwa 7 Vol% (Tab. 13, S. 33). Das lineare Schwindmaß des Al ist 1,75%, das der Gußlegierungen schwankt von 1,2···1,4. Beide Angaben gelten für Sandguß. Die Maßabweichungen der kleinen Aluminiumsandgußstücke betragen ±0,4 mm. Bei Kokillenguß können nach dem Werkstoffhandbuch folgende Abweichungen zugelassen werden:

a) Außenformen: bis 100 mm Durchmesser ±0,1 mm, bis 500 mm ±0,5 bis ±0,8 mm, bis 1000 mm ±0,8 bis ±1 mm.

b) Löcher und Kerne: bis 10 mm Innen- oder Außendurchmesser ±0,1 mm, bis 50 mm ±0,2 mm, bis 100 mm ±0,25 mm.

c) Anzug: Seitenwände von 30 mm ab 0,2 mm, Bohrungen von 30 mm Tiefe 0,15 mm, über 30 mm Tiefe 0,2 mm. Einzelne der Al-Gußlegierungen sind wärmebehandlungsfähig. Auf die leichte Zerspanbarkeit ist schon hingewiesen worden. Es können je nach Härte Schnittgeschwindigkeiten von 300···1500 m/min verwendet werden. Die Al-Gußlegierungen sind löt- und schmelzschweißbar.

Tab. 6 gibt die mechanischen Eigenschaften, die Brinellhärte, die Wichte der Aluminiumgußwerkstoffe, ihre Verwendungszustände und Verwendung wieder. Die angegebenen Grenzwerte der Zerreißprobe und der Dauerbiegefestigkeit gelten nur für gesondert gegossene Probestäbe von etwa 100 mm² Querschnitt. Die Min-

Tabelle 6. *Aluminium- Sand- und Kokillengußlegierungen, Eigenschaften und Verwendung. DIN 1725.* Siehe die Anmerkung unter Tabelle 4, Seite 12.

Gußart			Zustand	σ_{zS} kg/mm²	σ_{zB} kg/mm²	δ_5 %	HB P=10 D² kg/mm²	σ_{WB} kg/mm²	Wichte kg/dm³	Verwendung
Aluminium			Sandguß	3···4	9···12	25···18	24···32	—	2,7	chem. Apparatebau, Armaturen
GAl	Si	S	unbeh.	8···9 7 *	17···22 16 *	8···4 2 *	50···60 40 *	5,5···6,5	2,65	Verwick. auch dünnw., stoßfeste u. flüssigkeitsdichte Gußst. geglüht f. Gußstücke, die starken Stößen u. Schwingungsbeanspruchungen ausgesetzt sind
		S	geglüht u. abgeschr.	8···10 8	18···22 16	10···6 5	50···60 50	8,5···10		
		K	unbeh.	9···11 9	20···26 16	7···3 2	55···70 50	7···8		
		K	geglüht u. abgeschr.	9···11 9	20···26 16	10···6 4	50···60 50	9···10		
	Si(Cu)		Sandguß	8···10 8	15···22 15	4···1 1	50···65 50	—	2,65	verw. auch dünnwand. hoch beanspruchte Gußstücke aller Art
			Kokillenguß	9···12 9	18···26 16	4···2 1	55···75 55	—		
	Si Mg	S	unbeh.	9···11 9	18···24 17	5···2 2	55···65 55	6,5···7,5	2,65	verw. auch dünnwand. schwingungsfeste Gußstücke f. höchste mech. Beanspr. z. B. Dieselmotorengehäuse, große Getriebekästen u. Schnecken. Lastwagenräder
		S	ausgeh.	17···26 17	22···30f 20	4···1 1	80···110 75	9···12		
		K	unbeh.	11···15 10	20···26 18•	4···1 1	65···85 60	8···10		
		K	ausgeh.	20···28 18	24···32 22	4···1 1	85···115 80	10···12		
	Si Mg(Cu)	S	unbeh.	9···11 8	18···24 17	5···2 1,5	55···65 55	—	2,65	verwickelte auch dünnwandige Gußstücke, schwingungsfest und für höchste Beanspruchung
		S	ausgeh.	17···20 17	22···30 20	4···1 0,5	80···110 75	— 9···12		
		K	unbeh.	11···15 10	20···26 18	4···1 0,5	65···85 60	—		
		K	ausgeh.	20···28 18	24···32 22	4···1 0,5	85···115 80	10···12		
	Si 5 Cu 1	S	unbeh.	10···14 9	16···22 15	3···1 1	65···80 60	—	2,7	verwickelte auch dünnwandige, schwingungsfeste Gußstücke höchster Beanspruchung
		S	ausgeh.	17···26 16	21···28 19	2···0,5 0,5	80···110 75	—		
		K	unbeh.	12···15 11	18···23 16	3···1 0,5	70···85 65	—		
		K	ausgeh.	20···26 18	23···30 21	2···0,5 0,3	85···116 80	—		
	Si 9 (Cu)		Sandguß	10···14 9	15···20 14	3···1 0,5	65···85 60	—	2,7	schwierige, dünnwandige, flüssigkeitsdichte Gußstücke
			Kokillenguß	11···15 10	17···22 15	2···1 0,5	70···90 65	—		
	Mg Mn	S	unbeh.	8···10 7	14···19 13	8···3 3	50···60 50	—	2,7	mech. mittel- und hochbeanspruchte Gußstücke im Schiff-, Schiffsmaschinen- u. Flugzeugbau, Feuerlöschwesen, Chem. Industrie, Apparatebau, Armaturen
		S	ausgeh.	13···16 12	21···28 16	8···2 2	70···90 60	7,5···8		
		K	unbeh.	9···12 7	15···20 14	8···3 3	50···60 50	—		
		K	ausgeh.	15···18 12	23···33 18	15···4 2	65···90 65			
	Mg 3	S	unbeh.	8···10 7	14···19 13	8···3 3	50···60 50	—	2,7	mech. mit telbeanspr. auch hochbeanspr. Gußstahl im Schiffsmaschinenbau, Feuerlöschwesen, Chem. u. Nahrungsmittelindustrie, Bauwesen, Apparatebau
		S	ausgeh.	13···16 12	21···28 16	8···2 2	70···90 65	—		
		K	unbeh.	9···12 7	15···20 14	8···3 3	50···60 50	—		
		K	ausgeh.	15···18 12	22···33 18	15···4 2	65···90 65	—		
	Mg 5		Sandguß	9···10 9	16···19 13	5···2 1	55···70 55	—	2,6	mech. mittelbeanspr. Gußstücke f. Bauwesen Armaturen, Apparatebau
			Kokillenguß	9···10 9	17···25 14	8···3 1	60···80 55	—		

Fortsetzung Tabelle 6.

Gußart		Zustand		σ_{zS} kg/mm^2	σ_{zB} kg/mm^2	δ_5 %	HB P=10 D^2 kg/mm^2	σ_{wB} kg/mm^2	Wichte kg/dm^3	Verwendung
GAl	Mg 3 (Cu)	Sandguß		8···10 7	14···18 13	6···2 2	50···65 50	—	2,7	mech. mitt.-u.hochbean-spr.Gußstücke i.Schiffs-masch.- u. Flugzeugbau, Feuerlöschwes., Chemie
		Kokillenguß		9···11 12	14···20 14	8···3 3	60···80 60	—		
	Si 5 Mg	S	unbeh.	10···13 8	15···18 11	3···1 1	60···70 55	—	2,7	Gußstücke für chem. u. Nahrungsmittelindustr. Armaturen, Apparatebau, Beschlagteile
			ausgeh.	15···29 11	18···30 14	4···0,5 1	70···100 65	6···7,5		
		K	unbeh.	12···16 9	17···30 13	5···1,5 1	60···80 55	—		
			ausgeh.	16···29 13	20···30 17	5···1 1	70···105 70	7···8,5		
	Si Cn 3	Sandguß		12···16 10	16···20 14	3···1 0,5	65···80 65Ü	—	2,7	Gußstücke all. Art auch dünnwandige mit mittlerer und hoher Beanspruchung
		Kokillenguß		12···18 10	17···22 15	3···1 0,5	70···100 65	—		
	Cu Si	Sandguß		11···16 10	16···20 14	2···0,5 0,2	75···100 70	—	2,7	Normal beanspruchte Gußstücke aller Art, die keiner Stoßbeanspruchung ausgesetzt sind
		Kokillenguß		13—17 11	17···22 15	2···0,2 0,3	80···110 75	—		
	Cu	Kokillenguß		—	—	—	—	—	2,8	Spezialkokillengußleg. für Bestecke

* Einzelwerte sind Mindestwerte.

destwerte im Gußstück liegen unter den unteren Grenzwerten. Wird eine Festigkeitsprüfung bei der Abnahme gefordert (nur für wichtige Gußstücke), so sind Lage der Probe (im Gußstück oder angegossene Leisten), einzuhaltende Mindestfestigkeitswerte, die jedoch nicht höher als die Richtwerte der Norm sein sollen, zwischen dem Auftraggeber und der Gießerei zu vereinbaren und in den Zeichnungen festzulegen. Die Probeleiste ist mit der Längsseite ohne Einschnürung an das Gußstück anzugießen. Ihre Dicke soll der mittleren Wanddicke des Gußstückes entsprechen.

Reinaluminium und die kupferfreien Gußlegierungen sind korrosionsfest. Die Aluminiumgußstücke können durch elektrolytische Oxydation — Eloxieren — und durch Beizen mit einer chemisch widerstandsfähigen Schutzschicht überzogen werden. Die Eloxalschicht wirkt elektrisch isolierend.

24. Magnesiumguß wird aus den durch DIN 1729 vereinheitlichten Mg-Gußlegierungen hergestellt. Die aluminiumhaltigen Gußlegierungen sind bei 600°, die aluminium- und zinkhaltigen sind bei 640° vollkommen aufgeschmolzen. Das Formfüllungsvermögen der Mg-Gußlegierungen ist etwa dem Formfüllungsvermögen der Al-Gußlegierung GAl–ZnCu gleich. Die Mindestwandstärken des Sand- und Kokillengusses sind: einfache Gußstücke 3,5 mm, verwickelte 4 mm. Über die Schrumpfung der Mg-Gußlegierungen liegen im Schrifttum keine Angaben vor. Ihr lineares Schwindmaß für Sandguß ist etwa 1,4%. Von den Mg-Gußlegierungen ist nur die Legierung GMg–Al9 wärmebehandlungsfähig. Die Zerspanbarkeit des Magnesiumgusses ist sehr gut. Es können beim Drehen Schnittgeschwindigkeiten von 1000···1500 m/min verwendet werden. Bei der Zerspanung ist dafür zu sorgen, daß kein Spänebrand entsteht. Mg-Guß ist unter Einhaltung besonderer Bedingungen schmelzschweißbar.

Tab. 7 gibt die mechanischen Eigenschaften, Brinellhärte, Wichte, den Zustand und die Verwendung der Mg-Gußlegierungen wieder. Die angeführten Festigkeitswerte gelten nur für den gesondert gegossenen Probestab von 100 m^2 Querschnitt.

Die Mindestfestigkeitswerte der an vereinbarten Stellen des Gußstückes entnommenen Probestäbe liegen unter den unteren Grenzwerten der Tab. 7. Die chemische Widerstandsfähigkeit der Magnesiumgußstücke ist ganz gut, sie kann durch Schutzschichten, insbesondere durch Beizen mit Chromatlösungen, verbessert werden.

Tabelle 7. *Magnesium- Sand- und Kokillengußlegierungen, Eigenschaften und Verwendung. DIN 1729.* Siehe die Anmerkung unter Tabelle 4, Seite 12.

Gußart		Zustand		σ_{zS} kg/mm²	σ_{zB} kg/mm²	δ_5 %	HB P=10 D² kg/mm²	σ_{wB} kg/mm²	Wichte kg/dm³	Verwendung
GMg	Al 3 Zn	Sandguß unbehandelt		5—6,5 4	16—20 8	10—6 1,5	40	—	1,8	flüssigk. u. gasdichter GzBst. mit l. Beanspr.
GMg	Al 4 Zn	Sandguß unbehandelt		7—9 7	17—21 14	9—3 3	45	—	1,8	stoßbeanpsr. Gußstücke hoher Festigkeit
GMg	Al 6 Zn	Sandguß unbehandelt		9—11 8	16—20 13	6—3 1,5	50	—	1,8	dauerbeanspr. Gußstücke hoher Festigkeit
GMg	Al 6 Zn—II	Sandguß unbehandelt		9—11 8	14—28 12	5—1,5 1,5	50	—	1,8	dauerbeanspr. Gußstücke hoher Festigkeit
GMg	Al 9	Sandguß wärmebeh.		10—13 9	24—28 17	15—8 4	55	—	1,8	dauer-, stoß- und warmbeanspruchte (bis 200°) Gußstücke höchster Festigkeit
GMg	Al 9	K	unbeh.	10—12 9	16—20 13	5···2 1	55	—	1,8	dauer-, stoß- und warmbeanspruchte (bis 200°) Gußstücke höchster Festigkeit
GMg	Al 9	K	warmbeh.	10···13 9	24···28 17	15···8 4	55	8···12	1,8	dauer-, stoß- und warmbeanspruchte (bis 200°) Gußstücke höchster Festigkeit
GMg	Al 8 I	Kokillenguß unbehandelt		9···10,5 8	17···21 14	6···3 1,5	50	—	1,8	stoßbeanspruchte, nicht zu verwickelte Gußstücke
GMg	Al 8 II	Kokillenguß unbehandelt		8···10 8	15···20 13	5···1,5 1	50	—	1,8	stoßbeanspruchte, nicht zu verwickelte Gußstücke

F. Druckguß.

Druckguß wird aus den Blei- (DIN 1741), Zinn- (DIN 1742), Zink- (DIN 1724), Kupfer-, Aluminium- (DIN 1725) und Magnesium- (DIN 1729) Druckgußlegierungen hergestellt. Die Kupfergußlegierungen der DIN 1726 können alle zur Herstellung von Druckguß verwendet werden. Die Bleilegierungen werden nur im vollkommen flüssigen Zustand in die Form gespritzt. Die Kupferdruckgußlegierungen werden nur im Erstarrungszustand in die Form gepreßt. Die Zink-, Aluminium- und Magnesiumdruckgußlegierungen werden nach beiden Verfahren der Druckgußherstellung verarbeitet.

Tab. 8 gibt die mechanischen Eigenschaften, Brinellhärte, Wichte, die gießtechnischen Maßnahmen und die Verwendung der einzelnen Druckgußlegierungen wieder. Druckguß kommt nur für die in den gießtechnischen Angaben angeführten Stückgrößen und Stückgewichte bei sehr großen Stückzahlen in Frage.

In USA wird auch Grauguß aus Druckguß hergestellt, unter anderem werden Nockenwellen aus hochlegiertem Gußeisen durch Druckguß in metallischen Formen vergossen.

IV. Gestaltung der Formgußstücke.

25. Gestalt, Oberflächenzustand und Festigkeit. Die Festigkeit des Werkstoffes ist nicht feststehend. Sie hängt ab von dem Aufbau des Werkstoffes, der Beanspruchungsart, der Gestalt des Werkstückes, der Wirkung ihrer Kerbstellen und der Kerbwirkung seiner Oberfläche (Oberflächenzustand).

Tabelle 8. *Druckguß, Eigenschaften und Verwendung.* Siehe die Anmerkung unter Tabelle 4, Seite 12.

Gußart			Marke	σ_{zB} > kg/mm²	δ_5[1] > %	HB[1] > kg/mm²	Wichte kg/dm³	Gießtechnische Angaben[2]: Genauigkeit des Sollmaßes[3]	Mindestwandstärke[4]	eingegossene Löcher: Sack- Länge	Sack- Durchm.	durchgehend Länge	Aushebeschrägen % der Höhe u. Länge: Wand Außen-	Wand Innen-	Kern	Verwendung
Schwermetalldruckgußlegierungen	GDPb	DIN 1741	97	5	20	9	11,1	<5 mm ±0,005 mm >5 mm ±0,1%	0,75 bis 2 mm	3×D	1	<1,5 mm 7×D >1,5 mm 10×D	0,1	0,1 bis 0,2	0,1	Schwunggewichte, Pendel, Teile für Meßgeräte, Drucklettern
			87	6	10	14	10,1									
			85	7,5	8	18	9,8		Stückgewicht: 0,5···1000 g							
			59	8	3	18	9,1		Stückgröße: 300×280×200 mm							
			46	8	4	17	8,6		Hohlkehlenhalbmesser > 0,5 mm							
	GDSn	DIN 1742	78	11,5	2,5	30	7,1	< 10 mm ± 0,005 mm > 10 mm ± 0,05%	0,5 bis 2 mm	3×D	1	1,5 mm 7 × D 1,5 mm 10 × D	0,1	0,1 bis 0,2	0,1	Gußstücke für Elektrizitätszähler, Gasmesser, Geschwindigkeitsmesser und sonstige Zähler, Rundfunkgeräte
			75	10,0	1,8	30	7,2									
			70	10,0	1,1	30	7,4		Stückgewicht: 0,5···500 g							
			60	9,0	1,7	28	7,9		Stückgröße: 350×250×250 mm							
			50	8,0	1,9	26	8,0		Hohlkehlendurchmesser: 0,5 mm							
	GDZn	DIN 1724	Al–2Cu1	26	2	800	6,9	<13,5 mm ±0,02 mm >13,5 mm ±0,15%	0,6 bis 2 mm	3×D	1	6×D	0,2	0,3 bis 0,4	0,3	Gußstahl aller Art bevorzugt zu verwenden
			Al–4	25	1,5	70	6,7									Gußstahl aller Art, insbes. bei Anforderungen an Maßbest.
			Al–4Cu1	27	2	80	6,7		Stückgewicht: 0,5···3000 g							Armaturen, wenn sie nicht verwendbar sind
			Al–4Cu3	30	2	90	6,8		Stückgröße: 600×300×300 mm Hohlkehlenhalbmesser > 0,5 mm							
	GDCu		DMs60	37	12	80	8,5	<15 mm ±0,05 mm >15 mm ±0,25%	1 bis 6 mm	3×D	3	3×D	0,2	0,5 bis 1,0	0,5	Armaturen
			DAlM Bz 10	60	12	140	7,6		Hohlkehlenhalbmesser > 2,0 mm							korrosions- und verschleißbeständige Gußstücke

Tabelle 8 (Fortsetzung).

Leichtmetalldruckgußlegierungen	GDAl DIN 1725	Si 13	18…26	3…1	60…80	2,65	<15 mm ±0,03 mm ±0,2%	1 bis 3 mm	3×D	2,5	4×D	0,5	0,5 bis 1,0	0,8	verwickelte auch flüssigkeitsdichte Gußstücke aller Art u. chem. best.
		Si 7	17…24	3…1	55…75	2,65	Stückgewicht: bis 2500 g								Gußstücke verwickelte Gußstücke aller Art m. guter chem. Beständigkeit
		MgSi	16…19	3…1	55…70	2,7	Stückgröße: 600×400×300 mm								Gußstücke mit guter chem. Beständigkeit u. Polierbarkeit
		Mg 9	19…27	3…1	65…85	2,6	Hohlkehlenhalbmesser > 1,0 mm								Gußstücke mit hoher chem. Beständigkeit u. Polierbarkeit
		SiCu	19…23	2,5…1	55…75	2,8									Gußstücke aller Art
	GDMg DIN 1729	Al 9 I	16…23	0,4…1	55	1,8	<13,5 mm ±0,02 mm >13,5 mm ±0,15%	1 bis 3 mm	3×D	2	4×D	0,5	0,5 bis 1,0	0,5	Gußstücke aller Art, auch verw. und dünnwandigste
		Al 9 II	15…22	0,2…1	55		Stückgewicht, Stückgröße, Hohlkehlenhalbmesser wie bei GDAl								Gußstücke aller Art

[1] Richtwerte; die Eigenschaften werden an gesondert gegossenen Probestäben bestimmt, Brinellhärte an den Stabköpfen; die Eigenschaften der Gußstücke sind nicht an allen Stellen den Werten der Zerreißprobe gleich. Für Zugproben aus Druckgußstücken gelten die Richtlinien der DIN 50125.

[2] Richtwerte; in besonderen Fällen ist der Rat der Gießerei einzuholen.

[3] Für Maße, die von beweglichen Formteilen begrenzt werden, ist die erreichte Genauigkeit je nach der Stückgröße und Gestalt geringer.

[4] Je nach Stückgröße und Gestalt.

Der doppelt T-förmige Arm b (Abb. 3) eines Rades hat für die neutrale Achse $x-x$ ein fast dreimal so großes Widerstandsmoment wie der ovale a.

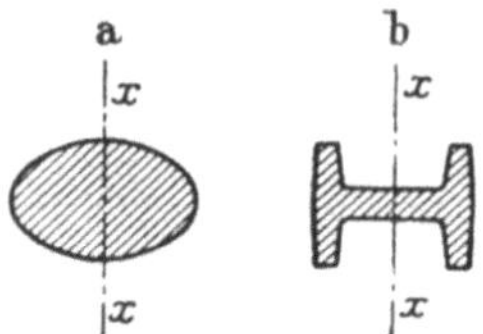

Abb. 3. Radarm-Querschnitte.

Der T-förmige Graugußprobestab ergibt infolge der hohen Druckfestigkeit des Graugusses bei Biegebeanspruchungen die doppelte Werkstoffausnützung wie der rechteckige (Tab. 9).

Die Abhängigkeit der Dauerfestigkeit des Werkstoffes von seiner Gestalt, die von THUM und anderen Forschern in zahlreichen Untersuchungen mit den verschiedensten Werkstoffen festgestellt wurde, hat zur Einführung des Begriffes „Gestaltfestigkeit" geführt. Es ist darunter diejenige Kraft oder dasjenige Moment zu verstehen, das von dem Werkstück gerade noch dauernd ohne Bruchgefahr ausgehalten wird. Tab. 10 gibt die Dauerhaltbarkeit wieder von Gußkurbelwellen aus verschiedenen Werkstoffen in der der geschmiedeten Kurbelwelle nachgebildeten und in der neuen zweck-

Tabelle 9. *Einfluß der Querschnittsform auf die Biegefestigkeit* (Versuchsergebnisse einer englischen Gießerei).

Querschnittsform		Rechteck 25 mm × 50 mm	I-Form (12,5; 6,25; 50; 37,5)	I-Form (25 mm; 6,25; 50 mm; 25 mm)	I-Form (12,5; 6,25; 62,5; 25)
Querschnitt	mm²	1280	556,8		
	Verhältnis	100	43,4		
Verhältnis der Biegefestigkeit des Querschnittes		100	82,3	90,1	90,3
Werkstoffausnutzung = Biegefestigkeit/Querschnitt		100	189,7	207,7	207,7

mäßiger gestalteten MPA-Form (Abb. 4), deren Gestalt dem Kraftflusse angepaßt und möglichst frei von Kerbstellen ist.

Kerbwirkungen, die durch Kerben, scharfe Ecken, plötzliche Querschnittsübergänge, Bohrungen, Krafteinleitungsstellen und andere Einflüsse hervorgerufen werden, bedingen durch die Richtungsänderung der bei der Beanspruchung auftretenden Kräfte erhöhte örtliche Beanspruchungen und damit vorzeitigen

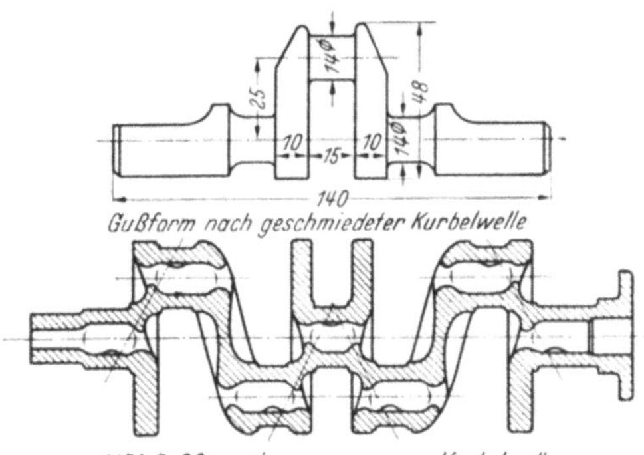

Abb. 4. Form der Gußkurbelwelle (nach THUM).

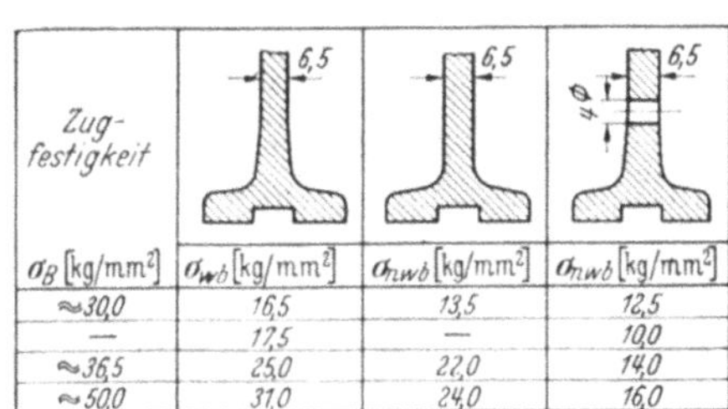

Zugfestigkeit σ_B [kg/mm²]	σ_{wb} [kg/mm²]	σ_{nwb} [kg/mm²]	σ_{nwb} [kg/mm²]
≈30,0	16,5	13,5	12,5
—	17,5	—	10,0
≈36,5	25,0	22,0	14,0
≈50,0	31,0	24,0	16,0

Abb. 5. Einfluß der Ausführung auf die Haltbarkeit (nach THUM).

Bruch des Stückes. Abb. 5 zeigt den Einfluß der verschieden gestalteten Querschnittsübergänge und der Bohrungen auf die Dauerhaltbarkeit eines T-Stückes. Die Rauhigkeit der Oberfläche hat die gleiche Wirkung. Die spangebende Bearbeitung führt besonders bei Gußstücken mit sehr rauher Oberfläche zu einer wesentlichen Erhöhung ihrer Haltbarkeit.

Tabelle 10. *Einfluß der Form auf die Dauerhaltbarkeit der Gußkurbelwelle (nach Thum).*

Form	Werkstoff	Verdrehdauerhaltbarkeit τ_{nw} kg/mm²	Biegedauerhaltbarkeit σ_{nwb} kg/mm² *	Biegedauerhaltbarkeit σ_{nwb} kg/mm² **
Stahlform	Perlitguß	5,5	1,8	5,0
Stahlform	Temperguß	6,0	2,3	6,5
Ford	Ford-Halbstahl	8,0··· 8,5	4,0	10,3
Neue Form der MPA	Ford-Werkstoff	12,0···12,5	9,5···10,10	—

* bezogen auf den Zapfenquerschnitt. ** bezogen auf den Wangenquerschnitt.

Der Einfluß der Gestalt als solcher — Gestaltempfindlichkeit — und der Kerbwirkung — Kerbempfindlichkeit — ist nicht bei allen Werkstoffen gleich. Werkstoffe mit nichtmetallischen Einschlüssen — Grauguß (Graphit), Schweißstahl (Schlacke) — sind kerbunempfindlicher als einschlußfreie Werkstoffe. Gußeisen ist kerbunempfindlicher als Stahl. Es ist aber gestaltempfindlicher als dieser. Bei Stahl ist daher die Dauerfestigkeit des Werkstückes in erster Linie zu erhöhen durch Einschränkung der Kerbwirkung der Gestalt und der Oberfläche. Bei Gußeisen ist dieses Ziel hauptsächlich durch Formgebung zu erreichen.

26. Anforderungen an den gestaltfesten Entwurf. Ist das Gußstück so gestaltet, daß seine Form dem Kraftflusse voll und ganz angepaßt ist und daß keine Kerbstellen vorhanden sind, so wird seine Dauerfestigkeit derjenigen gleichkommen, die an dem glatten Rundstabe festgestellt wird. Es ist dann ideal oder vollkommen beanspruchungsgerecht gestaltet. Die Anpassung der Gestalt des Gußstückes an den Kraftfluß ist bei solchen aus leicht vergießbaren Werkstoffen — z. B. Gußeisen, GBz 14, Silumin — eher möglich, da diese gießtechnisch besser zu beherrschen sind. Sie setzt die rechnerische Erfassung der Spannungsverteilungen und der zu erwartenden Spannungsspitzen voraus, für die die neue Konstruktionslehre, besonders bei verwickelten und größeren Stücken, noch keine vollkommenen Unterlagen zu bieten vermag. In dieser Richtung sowie bezüglich der Erforschung der Gestalt- und Kerbempfindlichkeit der einzelnen Werkstoffe müssen noch weitere Untersuchungen durchgeführt werden.

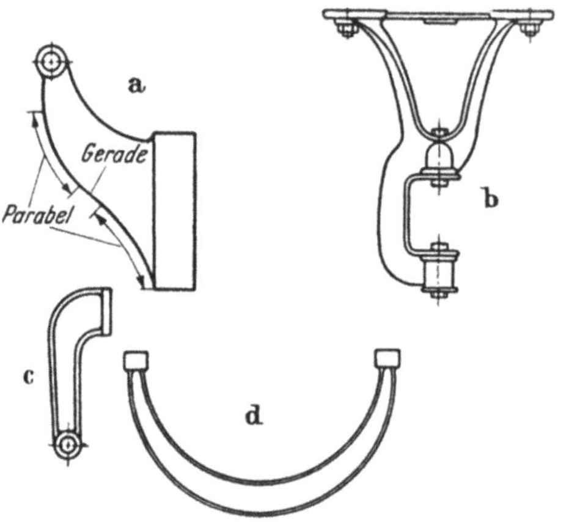

Abb. 6. Körper gleicher Festigkeit.

Das Gußstück soll als Körper gleicher Festigkeit entworfen werden (Abb. 6). Treten neben Biege- auch Verdrehbeanspruchungen auf, so ist die steifere Kastenform der offenen Form vorzuziehen, falls sie gießtechnisch möglich ist. Müssen zur Erhöhung der Tragfähigkeit und Schlagbeanspruchung Rippen angeordnet werden, so sollen sie breit und niedrig gestaltet sein, da sonst an ihren äußersten Kanten und Ecken gefährliche Randspannungen auftreten können, die den Bruch auslösen. Die Ausbildung der Rippen richtet sich so wie die des Gußstückes selbst nach den mechanischen Eigenschaften des Werkstoffes. Bei niedrigem Elastizitätsmodul desselben — Leichtmetallegierungen, Grauguß — müssen folgende Gesichtspunkte beachtet werden: Breite Kräfteverteilung an Einspannstellen, niedrige Flächenpressung, Randwülste an Rippen, Flächenverrippung, erhöhte Muttergewindelängen. Abb. 7 gibt als Beispiel die Ausführung einer Lagerbrücke bei Verwendung von Stahl-, Grau- und Leichtmetallguß wieder. Sind Gußstücke aus Werkstoffen

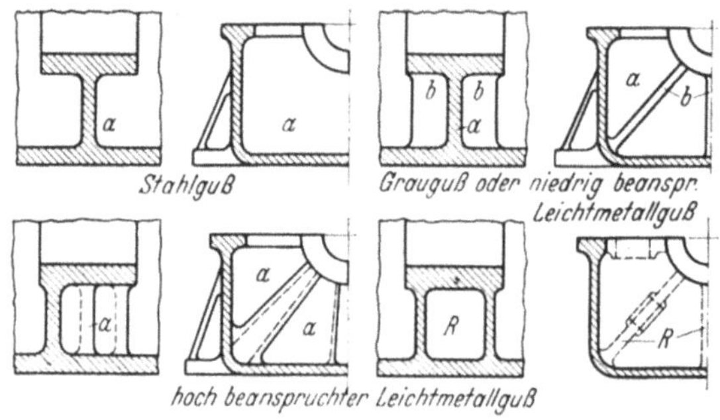

Abb. 7. Aufführung einer Lagerbrücke (nach HARTL).

herzustellen, die eine wesentlich höhere Druck- als Zugfestigkeit aufweisen — Grau- und Leichtmetallguß —, so muß das beim Gestalten berücksichtigt werden. Wird der Zylinderdeckel Abb. 8 nach *a* ausgeführt, so ist seine äußere Sehne auf Zug beansprucht. Hat er die Form *b*, so wird sie auf Druck beansprucht, er ist bei Grau- und Leichtmetallguß infolge der höheren Druckfestigkeit widerstandsfähiger als der Deckel nach *a*. Ist das Gußstück durch Schrauben mit anderen Teilen zusammenzufügen, so ist es zweckmäßig, lieber ihre Zahl als ihre Stärke größer zu wählen, weil sich dann die Last gleichmäßiger über die Querschnitte verteilt und die Haltbarkeit, wie Abb. 9 zeigt, verbessert wird.

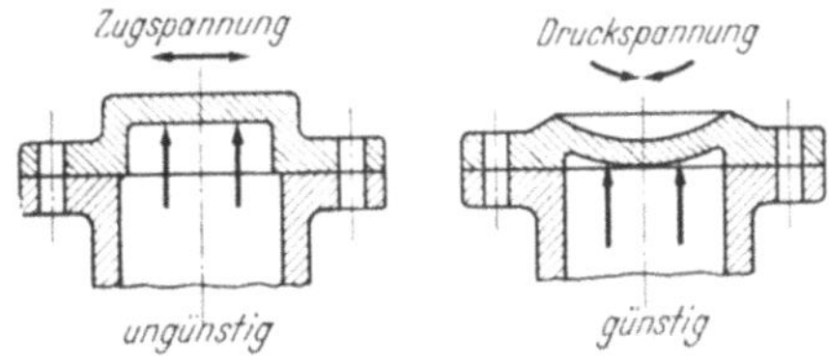

Abb. 8. Verstärkung von Zylinderdeckeln.

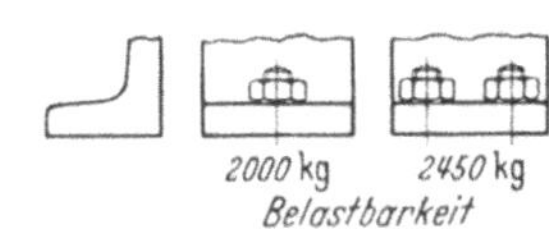

Abb. 9. Einfluß der Schraubenzahl auf die Belastbarkeit von Gußeisen (nach THUM).

27. **Anforderungen an den korrosionsgerechten Entwurf.** Sind Angriffe chemischer Reagenzien zu erwarten, so soll das Gußstück möglichst glatte, senkrecht oder schräg geneigte Wände und gut abgerundete Werkstückformen aufweisen, damit die an den Wänden haftenden Flüssigkeitsreste rasch und vollständig abfließen. Einmündende Öffnungen und Bohrungen sollen nicht zurücktreten. Eingezogene oder vorspringende Wandpartien sind zu vermeiden. Sind sie notwendig, so müssen sie zur Strom- oder Entleerungsrichtung so gestellt werden, daß Ansammlung von Restflüssigkeiten vermieden wird. Die Kanten sind zur Hintanhaltung der Kantenkorrosion abzurunden. Die Übergänge zu Anschlußstützen und höher beanspruchten Flanschverbindungen muß man kegelig ausbilden, um Spannungskorrosionen zu verhüten.

V. Bedingungen für das Gießen.

A. Gießbarkeit und Vorgänge beim Erstarren und Abkühlen.

Beim Gestalten und beim Abguß muß man das Formfüllungsvermögen des Werkstoffes und die Vorgänge, die bei seinem Abkühlen in der Form vor sich gehen, berücksichtigen. Dieses gesamte Verhalten des Werkstoffes beim Gießen wird kurz „Gießbarkeit" genannt.

28. **Gußbedingungen.** Der Verlauf der Erstkristallisation hängt ebenso wie der Verlauf aller Vorgänge in der Schmelze und im festen Zustande von der Geschwindigkeit des Abkühlens ab. Ist t die Temperatur, mit welcher der Werkstoff in die Form gelangt, c_{pm} seine mittlere spezifische Wärme im flüssigen, Erstarrungs- und festen Zustande, c seine spezifische Schmelzwärme, O die Oberfläche und G das Gewicht des Gußstückes und wird während der Abkühlung dauernd die gleiche Wärmemenge w je Zeit- und Oberflächeneinheit abgeführt, so ist die Abkühlungsgeschwindigkeit

$$v = \frac{O\,w}{G\,(c + t\,c_{pm})}\,.$$

Eine dauernd gleichmäßige Abkühlung kommt praktisch niemals vor. Nichtsdestoweniger gibt der Ausdruck ein klares Bild darüber, welche Umstände auf die Abkühlungsgeschwindigkeit einen Einfluß haben. G und O, sowie die spezifische Schmelz- und die mittlere spezifische Wärme des Werkstoffes sind gegeben und damit unveränderliche Gußbedingungen; w wird durch die Art des Formstoffes und seiner Temperatur, bei metallischen Formen auch noch durch ihre Wandstärke und ihre Abkühlung bestimmt; t hängt von der Gießgeschwindigkeit und der Gießtemperatur ab. Sie alle können verändert werden, so daß sie die veränderlichen Gußbedingungen sind. Mit ihrer Hilfe gleicht der Gießer die ungünstigen Auswirkungen der unveränderlichen Gußbedingungen aus. Heißes und rasches Gießen wird ebenso wie eine schlecht leitende oder heiße Form die Abkühlung verlangsamen.

29. Das Formfüllungsvermögen gibt an, wie der Werkstoff die Formen anzufüllen vermag. Es hängt von dem Grade der Reinheit der Schmelze und von den Gußbedingungen ab. Eine mit Oxyden und Schlacken verunreinigte Schmelze fließt zäher; heißeres und rascheres Vergießen, Sandform statt metallische Form und heißere Formen beider Arten sowie größere Querschnitte führen zu einer besseren Formfüllung. Das Formfüllungsvermögen der metallischen Werkstoffe wird durch die Vergießprobe bestimmt, für deren Ausführung heute für die meisten Werkstoffe genaue Vorschriften ausgearbeitet sind. In der Regel wird der Werkstoff in eine spiralförmige Sand- oder Metallform von trapezförmigem Querschnitt bei gleicher Gießgeschwindigkeit, Gieß- und Formtemperatur vergossen. Die Länge der erzielten Spirale ist das Maß für das Formfüllungsvermögen. Im allgemeinen ist zu sagen, daß das Formfüllungsvermögen eines Werkstoffes um so größer ist, je niedriger seine Schmelztemperatur liegt, und je höher sein Wärmeinhalt ist, der von seiner spezifischen Wärme und seiner Schmelzwärme abhängt. Bei den Legierungen spielt auch die Größe ihres Erstarrungsbereiches eine Rolle. Von den Legierungen der Systeme, die ein bei einer Temperatur erstarrendes Eutektikum aufweisen, hat dieses das beste Formfüllungsvermögen. Das letztere bestimmt die Mindestwandstärke des Gußstückes (vgl. Kap. III).

30. Allgemeines über die Zustandsänderungen und die Abkühlungsvorgänge[1]. Beide sind bei allen metallischen Werkstoffen — Reinmetalle, Zwei-, Drei- und Mehrstofflegierungen — grundsätzlich gleich. Die Kristallite (Abschn. 31) der Reinmetalle sind gleichartig, die der Legierungen sind gleichartig oder verschieden. Die Legierungen, die in festen Lösungen oder Mischkristallen erstarren, und die Reinmetalle zeigen noch Unterschiede im Verhalten beim Abkühlen im festen Zustande. Tab. 11 enthält die Einteilung der Zweistofflegierungen nach ihrem Verhalten bei der Erstkristallisation und im festen Zustande. Sie stellt weiter das Zustands-Temperatur-(c-t-)Schaubild der einzelnen Legierungsgruppen und ihren Gefügeaufbau dar. Auch die Drei- und Mehrstofflegierungen erstarren in einer oder in mehreren Mischkristallarten, die wie bei den Zweistofflegierungen entweder beständig oder teilweise oder vollständig unbeständig sind, oder sie zerfallen beim Erstarren teilweise oder vollkommen in ihre Bestandteile.

Tab. 12 gibt die Vorgänge beim Abkühlen der Vertreter der einzelnen Werkstoffgruppen allgemein wieder, ferner die möglichen Folgen dieser Vorgänge und die Vorkehrungen des Entwerfers und Gießers dagegen. Der Tabelle ist die Zugehörigkeit der wichtigsten Gußwerkstoffe zu den einzelnen Werkstoffgruppen und damit ihr Verhalten beim Erstarren und Abkühlen zu entnehmen.

31. Erst- oder Primärkristallisation. Kühlt sich das Gußstück im Erstarrungsbereiche in allen Teilen gleichmäßig ab, was nur bei dünnwandigen Gußstücken möglich ist, so verläuft die Erstkristallisation in der folgenden Art. Sobald die Schmelze bei den Metallen und den eutektischen Legierungen die Erstarrungstemperatur, bei den übrigen Metallegierungen die Temperatur der beginnenden Erstarrung angenommen hat, gehen beim gewöhnlichen Verlauf der Erstarrung

[1] Vgl. zu den folgenden Abschnitten das Werkstattbuch „Metallographie", Heft 64.

Tabelle 11. *Verhalten der Zweistofflegierungen „Gruppe AO" beim Erstarren und Abkühlen* (Leg.-Systeme ohne Mischungslücke im Schmelzfluß und ohne Metallverbindungen).

Verhalten im							
Bereich der Erstarrung od. Erstkristallisation	vollkommene		teilweise (Mischungslücke[1] M. L. i. festen Zustande)				keine
	Löslichkeit der Legierungsbestandteile im festen Zustande						
	a) Sämtliche Leg. des Syst. erstarren zu Mischkristalliten (M.Kr.) einer Art		b) Die M. L. (CD) liegt innerhalb des Leg.-Bereiches AB. Die Leg. außerhalb der M. L. erstarren zu M. Kr. einer Art die innerhalb zu M. Kr. zweierlei Art		c) Die M. L. (CB) reicht bis B. Die außerhalb der M. L. liegenden Leg, erstarren zu M. Kr. einer Art, die außerhalb zu Misch- und B-Kristalliten.		Sämtliche Leg. d. Systemes erstarren zu A- u. B-Kristalliten
	vollkommene				teilweise		keine
	Mischkristallbildung (Mischkristall = feste Lösung d. Leg. Bestandteile)						
	1. ohne Min.i.d. L-Linie	2. mit Min.i.d. L-Linie	1. ohne Minimum i. d. L-Linie (m. Peritektikum)	2. mit Minimum i. d. Liquidus-(L-Linie) (mit Eutektikum). L-Linie ist die Linie der Temp. des beendeten Schmelzens oder der beginnenden Erstarrung. (lat. liquidus = flüssig)			
festen[3] Zustand	Entmischung		Zweitkristallisation				—
	o. / mit	o. / mit	α ohne / β teilw.	α ohne / β teilw.	α ohne / β teilw.	γ vollständige	
Bezeichnung	AO-a1 (α / β)	AO-a2 (α / β)	AO-b1 (α / β)	AO-b2 (α / β)	AO-c2 (α / β)	AO-c2 (γ)	AO-d2
Zustands-Temperatur-Schaubild			$FC = Ar_{m(B)}$-L. $HP = Ar_{m(A)}$-L. α ohne Felder FCC, HPP u. HDD	$FC = Ar_{m(B)}$-L. $HD = Ar_{m(A)}$-L.	$FC = Ar_{m(B)}$-L. α ohne Feld FCC	$FE' = Ar_2$-Linie $E'C = Ar_{m(B)}$-L. $GE'H = Ar_1$-Linie[4]	
Gefüge	Mischkristalle = (M.Kr.) ohne oder mit Kristallseigerung		peritekt. Leg.	eutekt. Leg.	eutektische Leg.	unter / über eutektoide / eutektische Legierungen	unter / über eutektische Legierungen
			Ia unges. A-reiche M.Kr. Ib ges. A-reiche M.Kr. IIa ges. B-reiche M.Kr. IIb unges. B-reiche M.Kr. III ges. Zweit A-M.Kr. IV ges. Zweit B-M.Kr.	Ia unges. A-reiche M.Kr. Ib ges. A-reiche M.Kr. II Eutektikum A-M.Kr. + B-M.Kr. IIIa ges. B-reiche M.Kr. IIIb unges. B-reiche M.Kr. IV ges. Zweit A-M.Kr. V ges. Zweit B-M.Kr.	Ia unges. A-reiche M.Kr. Ib ges. A-reiche M.Kr. II Eutektikum A-M.Kr. + Erst-B III Erst-B IV Zweit-B	I αA (Zweit-A) II Eutektoid αA + Erst-B III Eutektikum A-M.Kr. + Erst-B IV Erst-B V Zweit-B	I Erst-A II Eutektikum Erst-A + Erst-B III Erst-B

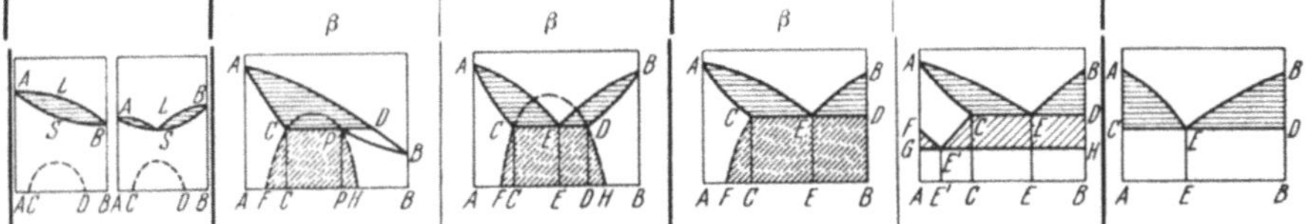

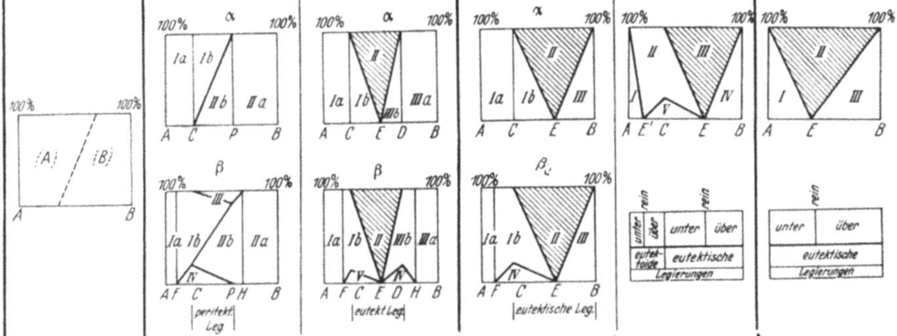

[1] Mischungslücke = Bereich derjenigen Legierungsverhältnisse, in welchem sich die Bestandteile im festen Zustand icht vollständig lösen; „ohne Mischungslücke" also: In allen Legierungsverhältnissen vollkommen lösbar.

[4] Ar (A = arrêt, r = refroidissement) sind die *Haltepunkte* beim *Abkühlen* der Metallegierungen mit teilweiser und ›llständiger Zweitkristallisation, sowie bei Metallen mit Umwandlungen. Ar_{mA} und Ar_{mB} sind die Haltepunkte, die den ›eginn der teilweisen Zweitkristallisation der gesättigten A- und B-reichen M.Kr. anzeigen. Ar_2 ist der Haltepunkt, der en Beginn der vollständigen Zweitkristallisation und der Umwandlung des β-Zustandes des Metalles in den α-Zustand ngibt. Hat das Metall mehr als eine Umwandlung, wie beispielsweise das Eisen, so kann der Haltepunkt Ar_2 einen öheren Index, beim Eisen beispielsweise Ar_3, aufweisen. Ar_1 ist die Temperatur des Zerfalles des eutektoiden Mischristalles (= eutektoide Temperatur).

Temperaturbereich	Vorgänge beim Abkühlen			Folgen der Vorgänge		Vorkehrungen des Entwerfers (gießgerechter Entwurf)	Vorkehrungen des	Gießers
Fl. Ph.	flüssige Schwindung			Innen- und Außenlunker, wenn Gießen und Erstarren nicht gleichzeitig beendet		1	entspr. Wahl d. veränd. Gußbedingungen — Gießtemp., Gießgeschw., Formstoffart, Formtemp. bei metall. Formen, Wandstärke u. Kühlung	verl. Köpfe entspr. Form und Größe, Saugnäpfe, Schreckpl. met. Einlagen, Lunkernägel
Erstarrungsbereich (feste und flüssige Phase)	Erstarrungs-Schwindung							
	Erst-Kristallisation (globulare, Stengel-, Tannenbaumkristallite)			Größe u. Gestalt d. Kristallite		vergießbare, mögl. gleichm. Wandstärken, allmähl. Übergänge der verschied. Wandstärken, keine Werkstoffanhäufungen an für verl. Köpfe unzugängl. Stellen, Rohform, wenn nicht Fertigform möglich		Überhitz., Sonderzus. d. Schmelze
	— (Rein-Metalle)	Kristallseig. falls Diffusions-Geschw. < Kristallisations-Geschwindigkeit		ungleiche Zusammensetzung der	Kristallite			homogenisieren
		falls Kristallseigerungen vorhanden bei den unter- und übereutektischen Leg. mit weitem Erstarrungsbereich; bei ungleichmäßiger Erstarrung normale oder umgekehrte Blockseigerung			einzelnen Zonen des Gußstückes oder Blockes			Vermeidung oder Einschränkung der seigernden Elemente
	Ausscheidung von Gasen aus der	Schmelze	gelöste Gase	Gasblasen	blanke Blas. in all. Zonen, ab ein. gew. Abst. v. d. Oberfl.	—		möglichst oxyd- und gasfreie Schmelze
			Reaktionsgase (CO, SO_2)[1]			derart. Gestalt., daß Kernstütz. u. metall. Einlagen unnötig sind		
		Form	H_2O-Dampf, Reaktionsgase (Form, Kerne)		Randblasen an den gasabgeb. Stellen	Vermeid. v. Kernen; wenn nötig so Möglichk. d. Kerngasabfuhr		gasdurchl. trock. od. gebr. Form u. Kerne aus gasfreiem Formstoff
			eingeschlossene Formluft		vereinz. gr. Randbl.	Vermeid. groß. waagr. Flächen		Windpfeifen
	—	falls Gasblasenbildung und Blockseigerung auch Gasblasenseigerung		Anhäufung der Schmelzreste in den Gasblasen		wie Gasblasen und Blockseigerung		wie Blockseigerung und Gasblasen
	Festhalten der nichtmetallischen Schwebstoffe oder Schlackentrübe aus der	Schmelze	Oxyde, Sulfide, Nitride, Phosphide	nichtmetallische oder Schlackeneinschlüsse	feine / gröbere: in allen Zonen	—		Abstehen d. Schmelze: wie Blockseigerung. Verm. d. Oxyd. d. Schm.
			emulsierte Ofenschlacke					ruhiger Abstich
		Pfanne und Form	verschlackte Pfannen und Formstoffe		einzelne Sandeinschlüsse an oben gelegenen Stellen	keine großen waagrechten Flächen, bei Bearbeitung entsprechende Zugaben vorsehen		einwandfreie Eingußtechnik: feuerf. Form u. Pfannenwerkst. gasdurchl. Form
			mitgerissene					feste Form u. Pfanne
fester Zust. (feste Phase)	feste Schwindung			Feinlunker				
				bei durch ungleichm. Abkühl. od. durch d. Widerst. d. Form gestört. Schwindung Auftreten von: Spannungen, Verwerfung., Warm- u. Kaltrisse		wie 1, weiter keine in die Formmasse hineinragenden Teile, keine Kerne. Verstärkungsrippen, Sprengungsfugen, Teilung d. Gußstücks		Schreckpl., Nachgiebigkeit der Form und der Kerne, Zerstörung der Form, Versteifungsrippen, Vermeidung von Graten, entspannendes Glühen

Gliederung der Vorgänge beim Abkühlen nach Werkstoffgruppen:

	Rein-Metalle		Zwei- oder Mehrstofflegierungen: Mischkristallbildung vollkommene					teilweise			ohne Mischkristalle (Erstausscheidung der Bestandteile)
			ein M.K.	zwei oder mehrere M.Kr.				ein oder mehrere M.Kr.			
			o. m. Min.	mit Peritektikum		mit Eutektikum					
Temperaturbereich	Umwandlung		Zweitkristallsation								
	ohne	mit	ohne	ohne	teilw.	ohne	teilw.	ohne	teilw.	vollständ.	
fester Zust. (feste Phase)		Umw.	—	—	teilw. Zweit-Kr.	—	teilw. Zweit-Kr.	—	teilw. Zweit-Kr.	vollst. Zweit-Kr.	2
zugehör. Gußwerkstoffe	Cu, Zn, Pb, Ni, Al, Mg	Sn, Fe	CuNi-Leg. CrNi-Leg.	Messing-Gußbronze	—	—	PbSb-PbSn-GZn-Al-GMg-Leg.	usten. Stähle	Cu-Stähle	niedrig	ZnSn-Leg.

[1] Nur bei Gegenwart von reaktionsfähigen Metalloxyden und C oder S möglich.

[2] Falls einer der Bestandteile eine Umwandlung besitzt, wird diese bei einem Teil der Legierung des Systems zu beobachten sein.

[3] Alle anderen Al-Gußlegierungen (DIN 1713), Cr-Ni-, Pb-Sn-, Pb-Sb-Legierungen

die bis dahin in willkürlicher Anordnung befindlichen Atome an einzelnen Stellen, den Kristallisationszentren, in die von kristallographischen Gesetzen beherrschte Raumgitteranordnung über. Sie bilden Kristallkeime. Ihre Zahl je cm^3 und Zeiteinheit heißt Keimzahl (KZ). Die Keime wachsen mit der linearen Kristallisationsgeschwindigkeit (KG in mm/min) weiter. Solange sie sich nicht gegenseitig stören, bilden sie sich regelmäßig aus. Sie sind im Raume verschieden ausgerichtet. Sobald sie aneinanderstoßen, hört die regelmäßige Ausbildung auf, so daß nach beendetem Erstarren ein Haufwerk unregelmäßiger, verschieden ausgerichteter Kristalle vorliegt, die Kristallite genannt werden. Ihre Größe hängt von KZ und KG ab. Große KZ und kleine KG ergibt kleine Kristallite, große KG und kleine KZ große Kristallite. Beide Werte steigen verschieden mit zunehmender Unterkühlung zuerst bis zu einem Höchstwert an und fallen bei weiterer Unterkühlung ungleich ab. Unterkühlte Erstarrung liegt vor, wenn die Erstarrung unterhalb der regelmäßigen Erstarrungstemperatur einsetzt, sie wird bei den metallischen Werkstoffen im allgemeinen durch überhitztes Schmelzen und nachfolgende rasche Abkühlung der Schmelze herbeigeführt. Wächst KZ bei der Unterkühlung rascher an als KG, so ermöglicht die Unterkühlung feinere Kristallite.

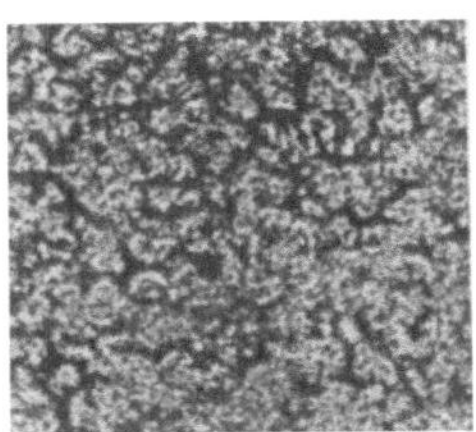

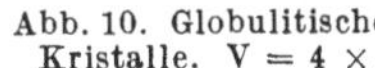

Abb. 10. Globulitische Kristalle. V = 4 ×.

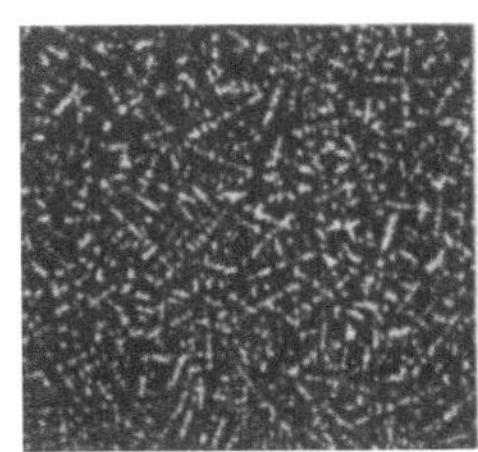

Abb. 11. Dendritische Kristalle. V = 2,5 ×.

Die Gestalt der Kristallite hängt von dem Werkstoff ab. Haben seine Kristalle in allen Achsen gleiches Wachstum, so ist der Kristallit globular (lat. globus = Kugel) ausgebildet (Abb. 10). Ist dies nicht der Fall, so entstehen Dendrite (gr. dendron = Baum) oder Stengelkristallite. Die Gestalt der Kristallite ist abhängig von dem Kristallsystem des Werkstoffes, der Richtkraft seiner Atome, die mit der Temperatur ansteigt und der Oberflächenspannung seiner Kristalle. Sie können verursachen, daß bei den Werkstoffen mit Kristallen von gleichem Wachstum in den einzelnen Achsen auch Dendrite entstehen (Abb. 11). Reinmetalle erstarren in *einer* Kristallart. Die Legierungen ohne Mischungslücke im festen Zustande (Tab. 11) und die außerhalb der Mischungslücke liegenden Legierungen der Systeme mit Mischungslücke im festen Zustande erstarren in einer Mischkristallart. Die innerhalb der Mischungslücke liegenden Legierungen dieses Systems erstarren in mehreren Mischkristallarten, und zwar ist die Zahl der Arten der Mischkristalle um eins größer als die Zahl der Legierungsbestandteile. Sie können ohne Eutektikum (peritektische Leg.) oder mit Eutektikum (eutektische Leg.) erstarren. Die Legierungen der Systeme, deren Mischkristalle von einer bestimmten Zusammensetzung ab teilweise zerfallen, erstarren bis zu dieser Zusammensetzung zu einer Mischkristallart; sobald diese Zusammensetzung überschritten wird, scheiden sie beim Erstarren neben Mischkristallen einer (Zweistofflegierungen) oder mehrere der Bestandteile (Mehrstofflegierungen) aus. Die Legierungen, die beim Erstarren in ihre Bestandteile zerfallen, scheiden diese aus der Schmelze aus. Bei einer Mischkristallart ist der Aufbau der Legierung gleichartig oder homogen. Bei mehreren Mischkristall- oder Kristallarten ist er ungleichartig oder heterogen. Das beim Erstarren entstehende Gefüge heißt Guß- oder Erstgefüge.

Bei größerer Wandstärke sind in dem Querschnitt des Gußstückes bis zu drei Zonen verschieden ausgebildeter Kristalle zu beobachten (Abb. 12). Neigt der Werkstoff zum unterkühlten Erstarren und sind die Gußbedingungen derart, daß die Erstarrung unterkühlt verlaufen kann, so erstarrt zunächst sein Rand feinkristallinisch. Sobald die Unterkühlung ihr Ende findet, wachsen die Kristalle, bei denen die Kristallachse größter Wachstumsgeschwindigkeit senkrecht oder nahezu senkrecht zur Wand steht und somit parallel zur Richtung des Temperaturgefälles liegt, als Stengel in die Schmelze. Sie wachsen so lange weiter, bis eine Störung der Wärmeabfuhr eintritt durch Erschöpfung der Wärmeaufnahmefähigkeit der Form oder durch eine Anhäufung von Verunreinigungen. Dann ist wieder eine Unterkühlung möglich, und als dritter Abschnitt setzt nun die Erstarrung in allen Teilen der Restschmelze ein. Die entstehenden globularen oder dendritischen Kristalle sinken zu Boden, falls sie schwerer als die Schmelze sind, der Schmelzrest wird dann von unten nach oben fest. Die Kristallite der Kernzone sind wieder wie die der ersten Zone regellos gelagert. Die Tiefe der drei Zonen hängt von der Zusammensetzung des Werkstoffes (Neigung zu Stengelkristallisation) und von den unveränderlichen und veränderlichen Gußbedingungen (Unterkühlung) ab. Es können daher in dem Gußstück eine oder auch zwei der Zonen fehlen. Fehlt die dritte Zone, so ist das Gußstück in dem überwiegenden Teil seines Querschnittes aus Stengelkristalliten aufgebaut. Dieser Aufbau ist sehr ungünstig, er hat zur Folge, daß der Werkstoff anisotrop ist, d. h. daß seine Eigenschaften in den verschiedenen Richtungen nicht gleich sind. In diesem Zustande leistet das Gußstück den mechanischen Beanspruchungen in den einzelnen Richtungen verschiedenen Widerstand. Stengelkristallite geben außerdem, besonders bei Gußstücken mit scharfen Ecken, zur Entstehung von Rissen Veranlassung (Abb. 13). In den durch die Stengelkristallite gebildeten Diagonalflächen sind infolge der darin angehäuften Verunreinigungen Flächen geringsten Widerstandes vorhanden. Sie können beim Auftreten von Spannungen, die durch die Kerbwirkung der scharfen Ecken erhöht werden, zur Entstehung von Rissen Veranlassung geben. Die Gießerei kann die Entstehung der Stengelkristallite einerseits durch Legierungszusätze, andererseits durch die veränderlichen Gußbedingungen einschränken oder ganz verhindern. Das Gußgefüge ist am besten, wenn über den ganzen Querschnitt feine Kristallite regellos ausgerichtet sind. Der Werkstoff ist dann quasiisotrop (so gut wie gleichförmig), da sich durch die regellose Lagerung der Kristallite die Ungleichmäßigkeiten der Eigenschaften in den verschiedenen Richtungen der Kristallite ausgleicht. Dieser Ausgleich tritt erst ab einer bestimmten, der kritischen Korngröße ein. Die Gußbedingungen, die das günstigste Gußgefüge ergeben, müssen für jeden Werkstoff durch Versuche festgestellt werden.

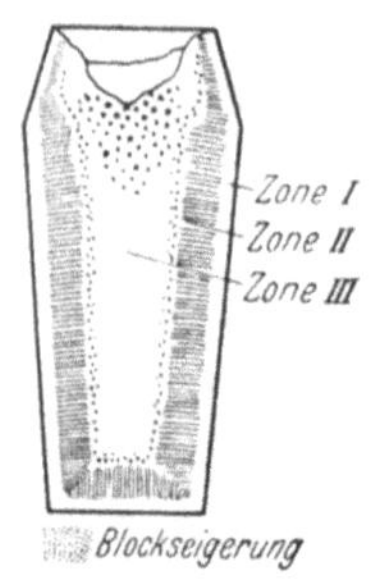

Abb. 12. Gußgefüge bei ungleichmäßiger Abkühlung.

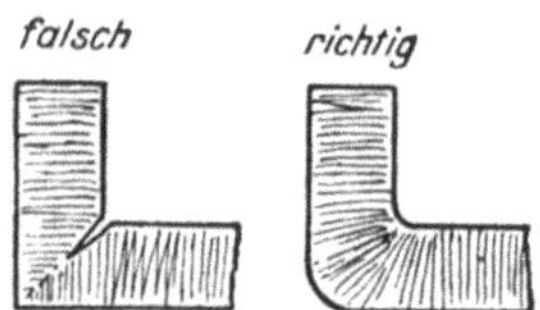

Abb. 13. Ausbildung der Ecken.

Bei Grauguß beeinflußt die Erstarrungsgeschwindigkeit nicht nur die Gestalt und Größe, sondern auch die Art der Kristallite seiner metallischen Grundmasse. Neben der Zusammensetzung und der Durchführung der Schmelze hängt es von der Erstarrungsgeschwindigkeit ab, wieweit das Eisenkarbid beim Erstarren zerfällt. Durch diese drei Faktoren wird nicht nur die Menge des Graphites bestimmt, sondern auch seine Form und Gestalt. Den stärksten Einfluß auf die letztere hat jedoch die Überhitzung und Führung der Schmelze.

32. Kristallseigerung. Bei Legierungen, die in Mischkristallen erstarren, sind Kristallseigerungen (seigern = sickern, Kristallseigerung = Entmischung der Legierung innerhalb der Kristalle) möglich (Tab. 12), und zwar dann, wenn die

Diffusionsgeschwindigkeit (Diffusion = Durchdringung) der Legierungsbestandteile kleiner ist als die Erstarrungsgeschwindigkeit der Legierung. In diesem Falle gleichen sich die durch den Verlauf der Erstarrung bedingten Unterschiede in der Zusammensetzung der einzelnen Schichten der Kristalle nicht aus, sie weisen dann vom Rande nach der Mitte zunehmende Gehalte an den schwerer schmelzbaren Bestandteilen auf. Die Stärke der Kristallseigerungen ist außer von dem Diffusionsvermögen der Legierungsbestandteile noch abhängig von der Erstarrungsgeschwindigkeit, der Größe und der Neigung des Erstarrungsbereiches, die den Unterschied der Zusammensetzung des Keimes und der ursprünglichen Schmelze bedingen. Je größer dieser Unterschied ist, um so größer ist die Gefahr der Kristallseigerung. Sie tritt infolge der rascheren Erstarrung bei Kokillenguß stärker auf als bei Sandguß, läßt sich aber nur in einzelnen Fällen, wie bei Zinn- und Aluminiumbronzen, durch Glühen bei Temperaturen in der Nähe der Erstarrungstemperatur (Homogenisieren) wieder beheben. Sie verschlechtert die Güte des Werkstoffes, wirkt sich im Guß jedoch weniger aus als in warmverformten Stücken.

33. Blockseigerung. Blockseigerungen treten auf bei ungleichmäßiger Erstarrung der Legierungen mit Kristallseigerungen, mit Eutektikum und mit Mischungslücke im flüssigen Zustande (Tab. 12). In diesem Falle wird der leichter schmelzbare, mit einem oder mehreren der Bestandteile angereicherte Schmelzrest in die zuletzt erstarrenden Zonen des Gußstückes gedrängt, so daß sich Unterschiede in der Zusammensetzung in den einzelnen Teilen des Längs- und Querschnittes des Gußstückes ergeben. Die Blockseigerungen finden sich in der Regel in der Mitte des oberen Teiles des Gußstückes und an der Grenze der Zone der Stengelkristallite und der dritten Zone (Abb. 12). In einigen Fällen sind sie auch in den äußeren Zonen des Gußstückes zu beobachten. Ihr Auftreten dortselbst, das als „verkehrte“ Blockseigerung bezeichnet wird, ist auf Kristallvolumenschwindung zurückzuführen, die zur Folge hat, daß die zuletzt flüssigen Schmelzreste in die zwischenkristallinen Hohlräume der äußeren Zonen gedrängt werden. Es kann sogar vorkommen, daß sie aus dem Gußstück herausgedrückt werden und als Spritz- oder Schwitzkugeln erstarren. Die Blockseigerung verschlechtert die Güte des Gußstückes. Sie ist um so weniger stark ausgeprägt, je gleichmäßiger die Erstarrung erfolgt, ist daher im Kokillen- und Spritzguß nicht in dem Ausmaß wie im Sandguß anzutreffen.

34. Gasblasen. Beim Erstarren können von der Schmelze Gase eingeschlossen werden, die dann im Gußstück als Gasblasen auftreten. Sie kommen 1. aus der Schmelze, 2. aus der Form oder dem Formstoff oder werden 3. beim Gießen mit hineingerissen (Tab. 12). Die aus der Schmelze stammenden Gase waren entweder darin gelöst oder es sind Reaktionsgase. Die gelösten Gase scheiden sich beim Erstarren der Schmelze aus, wenn diese damit gesättigt ist oder wenn im Laufe des Erstarrens ihr Gassättigungsvermögen überschritten wird, das bei allen Werkstoffen im festen Zustande niedriger ist als im flüssigen. Die Gasaufnahme der Schmelze hängt ab von ihrer Temperatur und dem Teildruck des lösungsfähigen Gases im Schmelzraume. Reaktionsgase treten auf, wenn die Schmelze neben Karbiden und Sulfiden Oxyde enthält, die mit dem Kohlenstoff oder Schwefel im Erstarrungsbereiche reagieren, d. h. chemische Verbindungen eingehen, wobei CO oder SO_2 entstehen. Auch Rost und sonstige Oxyde von Kernstützen oder metallischen Formeinlagen können dabei mitwirken. Reaktionsblasen von verrosteten Kernstützen oder Einlagen finden sich in deren Nähe.

Keramische Formen geben zu Gasblasen Veranlassung, wenn ihre Gasdurchlässigkeit nicht genügt, um Dämpfe oder Gase durch die Form entweichen zu lassen, die aus der Feuchtigkeit, dem gebundenen Wasser des Formstoffes oder durch dessen Zersetzung entstehen. Die Oberfläche dieser Gasblasen ist in der Regel oxydiert. Zwecks Vermeidung von Gasblasen dürfen Kokillen nicht feucht sein.

Kann die in der Form vorhandene oder die mitgerissene Luft nicht entweichen, so entstehen besonders große Gasblasen an oben gelegenen Stellen.

Alle Gasblasen schwächen das Gußstück und ergeben Ausschuß oder Brüche im Gebrauch.

35. Gasblasenseigerungen, d. h. Seigerungen in den Gasblasen der zu Blockseigerungen neigenden Legierungen, entstehen dadurch, daß die Gasblasen beim Abkühlen infolge ihres Unterdruckes den noch flüssigen Schmelzrest ansaugen.

36. Nichtmetallische oder Schlackeneinschlüsse entstehen durch Festhalten der Schlackentrübe in der erstarrenden Schmelze. Sie rührt entweder aus der Schmelze selbst oder aus den Gußeinrichtungen und der Form her (Tab. 12). Erstere entsteht, wenn zur Entziehung des Sauerstoffes, der sich beim Einschmelzen mit Bestandteilen der Schmelze verbindet, schlackenbildende Stoffe zugesetzt werden und dann ein Rest dieser Schlacke mit der Schmelze in die Form gerät. Diese Desoxydationsschlackeneinschlüsse sind über den ganzen Querschnitt verteilt. Sie treten bei großen Gußstücken in der dritten Zone im unteren Teile, wohin sie durch die niedersinkenden Kristalle mitgerissen werden und infolge ihres Auftriebes in dem oberen, zuletzt erstarrten Teile stärker auf. Man findet sie in allen Werkstoffen mit Ausnahme der im Vakuum erschmolzenen. Selbst diese weisen, auch wenn sie aus chemisch reinen Metallen hergestellt werden, an den Grenzen der Kristalle eine feine Haut aus nichtmetallischer Zwischensubstanz auf. Eine weitere Art der Schlackeneinschlüsse aus der Schmelze ist die beim Abguß mitgerissene Ofenschlacke, die gröbere Einschlüsse ergibt. Sind die Werkstoffe der Gußeinrichtung und der keramischen Formen nicht genügend feuerfest, oder ist der Widerstand der Form gegen die Strömung des Schmelzgutes zu gering, so gelangen sie mit der Schmelze in die Form und geben zu vereinzelten, an oberen Stellen gelegenen, größeren Schlackeneinschlüssen Veranlassung. Auch der Gasdruck der Form kann dazu führen, daß Formteile abplatzen. Die Schlacken- oder Sandeinschlüsse unterbrechen und schwächen die metallische Grundmasse. Die feinen Desoxydationszentren wirken bei der Erst- und Zweitkristallisation als Kristallisationszentren. Sie vermehren die Kernzahl und tragen dadurch zu einer feinkristallinischen Erstarrung des Werkstoffes bei. Im grauen Roheisen wirken sie auch als Keime für den Kohlenstoff und verursachen eine blättrige Graphitausscheidung, die den Guß verschlechtert.

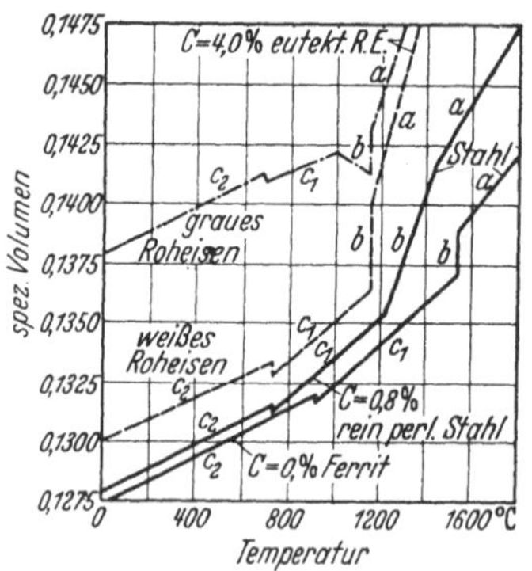

Abb. 14. Änderung des spezifischen Volumens (Dichte).

37. Schwindung (flüssige, Erstarrungs- und feste Schw.). Der metallische Werkstoff verkleinert beim Abkühlen seinen Raum, und zwar in der Regel sowohl im flüssigen Zustande als auch während des Erstarrens und schließlich noch als fester Körper, daher die dreifache Art der Schwindung. Bei den Legierungen mit teilweiser oder vollständiger Zweitkristallisation (Abschn. 46) ist die feste Schwindung auch noch vor und nach der Zweitkristallisation verschieden. Das Schwinden des Werkstoffes wird durch die Wärmeausdehnungszahl wiedergegeben, die die Raumänderung je Temperaturgrad angibt. Abb. 14 stellt die Änderung des spezifischen Volumens („Dichte“) verschiedener technischer Eisensorten dar. Die geringere feste und Erstarrungsschwindung des grauen Roheisens ist auf die Temperkohlenausscheidung im festen Zustande und die Graphitausscheidung beim Erstarren zurückzuführen. Die Raumvergrößerung bei 721° ist durch die Umwandlung des γ-Eisens in das α-Eisen bedingt. In Tab. 13 ist für einzelne der metallischen Werkstoffe die Raumänderung beim Abkühlen ihrer Schmelze bis auf Raumtemperatur wiedergegeben. Die gesamte feste Schwindung des Werkstoffes wird durch sein lineares Sollschwindmaß ausgedrückt, das bei einzelnen derselben bei keramischer und metallischer Form verschiedene Werte annimmt. Die linearen Sollschwindmaße einzelner Gußsorten sind bei der Besprechung ihrer Eigenschaften wiedergegeben. Das Sollschwindmaß entspricht dem Istschwindmaß nur bei den Gußstücken, deren Schwindung nicht gestört wird. Die Störung ist von der Form des Gußstückes und den veränderlichen Gußbedingungen abhängig.

Tabelle 13. *Raumänderungen verschiedener Werkstoffe.*

Werkstoff		Eutekt. Roheisen grau	Eutekt. Roheisen weiß	Stahl 0,2 C	Kupfer	Ms 60	AlBz 7	Zn Leg.	Al	Mg-Leg.
Temperatur der Schmelze		1250	1250	1600	1200	1000	1200	—	—	—
Schwindung (Raum%)	flüssige —	1,60	2,46	1,65	2,19	—	—	—	—	—
	Erstarrungs-	1,52	2,92	2,91	3,91	—	—	—	6,45	5,5
	Summe = Schrumpfg.	3,12	5,38	4,56	6,10	7,1	5,98	3,6	6,45	5,5
	feste —	2,32	5,0	7,45	6,40	6,7	5,08	1,3	4,1*	2,7

* Sandguß.

38. Folgen der flüssigen und Erstarrungsschwindung: Lunker. Ist das Gußstück während des Gießens gar nicht oder nur teilweise erstarrt, so hat die Raumverkleinerung in allen drei Zuständen einen oder mehrere Schwindungshohlräume oder Lunker zur Folge, deren Lage und Gestalt durch die Gestalt des Gußstückes bestimmt ist. Bei Blockformen, die sich nach oben erweitern, tritt der Lunker nur in der Mitte des oberen Teiles als Außenlunker auf. Verjüngt sich die Form nach oben, so kann er als Außen- und als Innenlunker in Erscheinung treten. Abb. 15 gibt die Entstehung beider Arten bildhaft wieder. Ihre Lage wird auch noch von der Temperatur der einzelnen Teile der Form, der Temperatur und der Art des Vergießens — von oben oder unten — beeinflußt. Die Größe des Lunkers ist von der Gesamtschwindung des Werkstoffes und dem Verhältnis des bereits erstarrten Raumteiles des Gußstückes zum noch flüssigen Raumteile desselben abhängig. Dieses Verhältnis wird durch die Gußbedingungen bestimmt. Heißes und rasches Abgießen, schlechtes Wärmeleitvermögen der Form (keramische Form) und geringe Wärmeaufnahme der Form (Vorwärmung der Form) vergrößern den Lunker. Erstarren und Abgießen ist nur bei dünnwandigen Gußstücken gleichzeitig zu Ende. Ab bestimmten, für jeden Werkstoff verschiedenen Wandstärken ist mit der Ausbildung eines Lunkers zu rechnen. Auf seine Entstehung hat sowohl der Entwerfer als auch der Gießer einen Einfluß, beide haben entsprechende Vorkehrungen dagegen zu treffen.

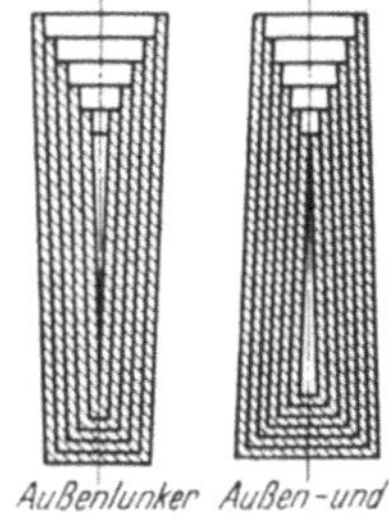

Abb. 15. Entstehung des Lunkers (nach BREARLEY).

39. Folgen der festen Schwindung. Wird die feste Schwindung erstens durch ungleichmäßige Abkühlung der einzelnen Teile oder Zonen des Gußstückes, zweitens durch den Widerstand der Form oder der Kerne gestört, so treten im ersten Falle Wärmebeanspruchungen, im zweiten Formbeanspruchungen auf, die je nach der Zeit ihres Auftretens und durch ihre Größe Maßabweichungen, Warmrisse, Spannungen, Verwerfungen oder Kaltrisse zur Folge haben. Die Warm- oder Kaltrisse treten um so eher auf, je mehr die Warm- oder Kaltfestigkeit des Werkstoffes geschwächt ist durch Stengelkristallisation, Seigerungen, Schlacken, Hohlräume aller Art, zusätzliche Kerbwirkungen plötzlicher Querschnittsübergänge oder scharfer Ecken.

a) *Störungen* der festen Schwindung durch *ungleichmäßige Abkühlung* der einzelnen Teile des Gußstückes treten bei ungleicher Wandstärke auf. Überschreiten diese ein bestimmtes Ausmaß, so kühlen auch die einzelnen Zonen jedes Teiles ungleich ab. Die Folgen der durch ungleichmäßiges Abkühlen gestörten Schwindung lassen sich am einfachsten an Hand des Zeit-Schwindungs-Schaubildes des dünnen Steges (a) und des dicken Flansches (b) eines T-Stabes erklären. Abb. 16 gibt dieses Schaubild bei mittlerer Abkühlungsgeschwindigkeit wieder. Es gilt auch, ebenso wie die folgenden Ausführungen, für die ungleiche Abkühlung des Randes und des Kernes eines Gußstückes. Es ist dann an Stelle des Flansches der Kern, des Steges der Rand zu setzen. Solange beide Teile noch erstarren, schwinden sie infolge der durch die frei werdende Erstarrungswärme bedingten langsamen Abkühlung wenig. Wären beide Teile nicht längsverbunden, so würde der dünne Teil entlang a, der dicke entlang b schwinden. Die einzelnen Punkte beider Linien sind durch das Produkt von Wärmeausdehnungszahl α des Werkstoffes mal Temperatur bestimmt. Der Abstand beider Linien entspricht daher dem jeweiligen Temperaturunterschied beider Teile. Er ist zur Zeit z_m, bis zu welcher der dünne Stab rascher abkühlt, am größten. Die Verbindung der ungleich warmen Teile des Gußstückes hat das Auftreten von Wärmebeanspruchungen zur Folge. Sie verursachen, daß die Schwindung beider Teile entlang der Linie c verläuft. Sie wirken sich in den Abschnitten I, II und III verschieden aus, die abgegrenzt sind durch die Ordinaten in den Schnittpunkten der t_g-Linie mit den Schwindungslinien a und b. Die Grenztemperatur t_g ist eine Werkstoffgröße, sie entspricht der Rekristallisationstemperatur des Werkstoffes nach der Kaltverformung.

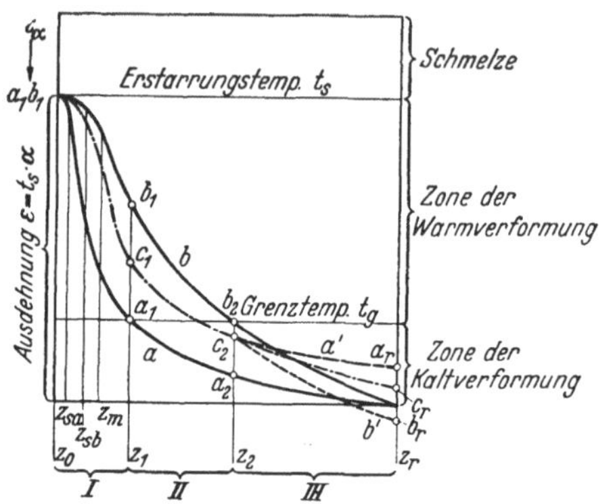

Abb. 16. Zeit-Schwindungs-Schaubild.
a = flüssige-, b = Erstarrungs-, c_1 = vorperlitische-, c_2 = nachperlitische feste Schwindung.

In dem *Abschnitt I* (z_0 bis z_1) befinden sich beide Teile im Bereich der *plastischen* Verformung, der dünne Teil (a) wurde plastisch gestreckt oder gezogen, der dicke Teil (b) plastisch gedrückt oder gestaucht. Beide Teile sind spannungsfrei. Überschreiten die Wärmebeanspruchungen in diesem Abschnitt die Warmfestigkeit des Werkstoffes, so entstehen Warmrisse, und zwar infolge der geringeren Warmfestigkeit des heißeren dicken Teiles in diesem.

In dem *Abschnitt II* (z_1 bis z_2) wird der dicke Teil (über t_g) weiter plastisch gestaucht und bleibt noch spannungsfrei. Der dünne Teil wird in diesem Abschnitt (unter t_g) elastisch gezogen und erleidet Zugspannungen.

In dem *Abschnitt III* (z_2 bis z_r) sind beide Teile im Bereich der *elastischen* Verformung. Von z_2 an kommen für die Beurteilung der Auswirkung der Schwindungsstörungen nicht mehr die Linien a und b sondern die von c_2 gestrichelt zu a und b parallel gezogenen Linien a' und b' in Frage. Bei der Raumtemperatur haben beide

Teile die Länge c_r angenommen. Der dünne Teil ist in diesem Abschnitt elastisch gestaucht oder verkürzt worden, er steht unter Druckspannungen. Der dicke Teil ist elastisch gezogen oder verlängert worden, er steht unter Zugspannungen. Die Spannungen beider Teile verhalten sich zueinander umgekehrt wie ihre Querschnitte, sie sind weiter von dem Temperaturunterschied zur Zeit z_2, der Wärmeausdehnungszahl und dem Elastizitätsmodul des Werkstoffes abhängig. Überschreiten sie die Elastizitätsgrenze des Werkstoffes, so haben sie bleibende Formänderungen zur Folge, übersteigen sie die Bruchgrenze, so treten Kaltrisse auf. Dies kann auch erst später durch Zusatzspannungen, z. B. durch ungleichmäßige Erwärmung durch Sonnenstrahlen, Kerbwirkungen von Putzstellen u. dgl. herbeigeführt werden. Bei ungleichmäßiger Abkühlung im Querschnitt sind die Warm- und die Kaltrisse Innenrisse. In den ungleichmäßig abgekühlten Gußstücken sind für jeden Fall Gußspannungen vorhanden. Sie geben bei Gußstücken mit unregelmäßigen Querschnitten Anlaß zu Verwerfungen und zehren das Arbeitsvermögen des Werkstoffes zum Teil auf. Braucht man das volle Arbeitsvermögen, so müssen die Gußstücke entspannend geglüht werden: Glühtemperatur $> t_g$, langsames und gleichmäßiges Abkühlen. Es verbleiben dann als Folgen der gestörten Schwindung nur die bleibenden Formänderungen, die in allen drei Abschnitten eingetreten sind. In dem dritten Abschnitt verläuft die Formänderung entgegengesetzt wie in den beiden ersten, deren Formänderungen dadurch aufgehoben werden können. Ist dies der Fall, so hat das Gußstück keine Maßabweichungen, sein Istschwindmaß ist dem Sollschwindmaß gleich. Im andern Falle muß das Modell zur Vermeidung von Maßabweichungen mit dem durch Versuche oder auf Grund von Erfahrungen festzulegenden Istschwindmaß hergestellt werden.

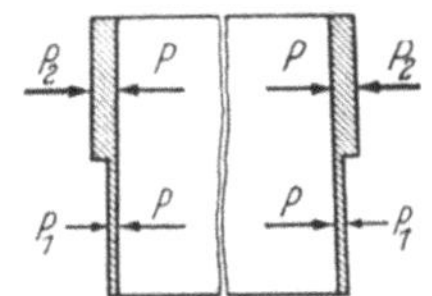

Abb. 17. Entstehung von Schwindungsspannungen bei ungleichen Querschnitten (nach MALZACHER).

b) Die *Störung* der Schwindung durch den *Widerstand der Form* oder der Kerne wird am einfachsten an Hand eines Hohlzylinders mit verschiedenen Wandstärken (Abb. 17) erläutert. Ist der Widerstand des Kernes P größer als die Schwindungskraft des dickwandigen Teiles P_2 und des dünnwandigen Teiles P_1, so stört der Kern das Schwinden beider Teile. Die Schwindungskraft wächst mit dem Querschnitte und der Temperaturabnahme. Die Störung der Schwindung durch den Kern wird daher nur bis zu bestimmten Wandstärken und Temperaturen auftreten. Bei Stahl und den meisten anderen Werkstoffen ist dies schon im Bereich I (Abb. 16) der Fall. Bei gleichen Wandstärken sind dann die Folgen dieser Schwindungsstörung nur Warmrisse oder bleibende Formänderungen. Wird nur ein Teil des Gußstückes durch den Widerstand des Kernes im Schwinden gestört, z. B. der dünne Teil des Hohlzylinders, so hat seine plastische Formänderung zur Folge, daß er durch den in bezug auf Formwiderstand ungestört schwindenden dicken Teil in dem Temperaturbereich unter t_g elastisch zusammengedrückt wird. Er wird sich dagegen wehren und den dicken Teil auf Zug beanspruchen. In diesem Falle verursacht die Störung der Schwindung durch den Formwiderstand auch Gußspannungen, die ebenfalls durch entspannendes Glühen beseitigt werden können. Neben den Kernen können in die Form hineinragende Teile — beispielsweise die Flanschen eines Rohres — die Schwindung des Gußstückes durch den Widerstand der Form stören. Die Auswirkungen sind die gleichen wie bei den Störungen durch den Kern.

40. Zweitkristallisation (vgl. Tab. 11, S. 27). Tritt beim Abkühlen der Legierungen mit einem oder mehreren Mischkristallen ein teilweiser oder vollständiger Zerfall des oder der Mischkristalle oder festen Lösungen ein, so nennt man diesen Vorgang teilweise oder vollständige Zweitkristallisation.

Die teilweise Zweitkristallisation tritt bei den Legierungssystemen auf, die im festen Zustande eine sich erweiternde Mischungslücke haben, sie ist nur bei den Legierungen möglich, die innerhalb der Mischungslücke liegen. Die Zweistoffsysteme mit teilweiser Zweitkristallisation sind in den Untergruppen AO-b 1 β, AO-b 2 β und AO-c 2 β zusammengefaßt. Hat eines der Metalle der Legierungen mit teilweiser Mischkristallbildung eine Umwandlung im festen Zustande und besitzt die α-Art kein Lösungsvermögen für den oder die anderen Bestandteile der Legierung, so zerfällt der Mischkristall der Legierungen dieser Systeme vollständig. Die Zweistoffsysteme mit vollständiger Zweitkristallisation gehören der Untergruppe AO-c 2 γ an.

Das Gefüge, das durch die teilweise oder die vollständige Zweitkristallisation entsteht, heißt *Zweitgefüge* (Zweitstruktur). Beide Arten der Zweitkristallisation haben den Nachteil, daß der Aufbau des Werkstoffes ungleichmäßiger wird. Sie haben aber den Vorteil, daß die Größe und Gestalt der Zweitbestandteile und, falls die Zweitkristallisation unterkühlungsfähig ist, auch die Art des Gefüges durch Wärmebehandlungen geändert werden kann.

Ist die teilweise Zweitkristallisation unterkühlungsfähig, so kann sie durch Abkühlung der über A_{cm} erhitzten Werkstücke mit mindest kritischer Abkühlungsgeschwindigkeit unterbunden werden. Wird der Werkstoff nach dieser Behandlung bei Raumtemperatur liegen gelassen, oder wird er auf eine höhere Temperatur angelassen, so geht dieser Zwangszustand in einen stabilen Zustand über. Falls sich der Zweitbestandteil dabei ausscheidet, so erfolgt dies in viel feinerer Form als beim normalen Abkühlen. Durch diese Wärmebehandlung werden die Werkstoffeigenschaften verändert. Werden sie dadurch verbessert, so macht man davon Gebrauch und nennt die Wärmebehandlung „Aushärtung". Werden sie dadurch verschlechtert, so spricht man von einem „Altern" des Werkstoffes. In diesem Falle muß sie vermieden werden. Kupferlegierter Stahlguß, sowie die Mehrstoff-Aluminiumbronzen und einzelne der Leichtmetallegierungen (Tab. 6 u. 7) sind aushärtbar. Auch diese Wärmebehandlung ist nur bei riß- und verformungsfrei durchhärtbaren Gußstücken anwendbar.

Die Wiederholung der vollständigen Zweitkristallisation durch Glühen bei Temperaturen, die 30···50° über der FE'H-Linie (Tab. 11) liegen, ermöglicht die Vergleichmäßigung oder Normalisierung des ungleichen oder des zu groben Zweitgefüges des Gußstückes. Sie wird „Normalisierendes Glühen" genannt. Tritt das Eutektoid bandförmig (lamellar) oder körnig und der Zweitbestandteil netzförmig oder körnig auf, so können beide Gefügebestandteile durch ein pendelndes Glühen um A_{c1}, „Weich Glühen", in den körnigen, leichter bearbeitbaren Zustand übergeführt werden. Nicht durchhärtbarer oder nicht riß- oder verformungsfrei härtbarer Stahlguß wird normalisiert. Schwerbearbeitbarer Stahlguß wird vor dem Normalisieren, Vergüten oder Härten weich geglüht.

Ist die vollständige Zweitkristallisation unterkühlungsfähig, so sind noch weitere Wärmebehandlungen möglich, durch welche Übergangsgefüge herbeigeführt werden, mit welchen wesentlichen Änderungen der Eigenschaften verbunden sind. Wird der bis auf eine Temperatur im Bereiche der β-Mischkristalle erhitzte Werkstoff mit einer Geschwindigkeit, die größer ist als die „kritische", abgekühlt, so geht in den Mischkristallen die Umwandlung von $\beta\,A$ in $\alpha\,A$ vor sich, infolge der Unterkühlung unterbleibt jedoch die Zweitkristallisation. Es entsteht dadurch ein Zwangszustand, in welchem der Werkstoff sehr hart ist. Diese Wärmebehandlung wird daher „Härten" genannt. Wird der gehärtete Werkstoff bei Temperaturen, die über der Temperatur der beginnenden Ausscheidung von $\alpha\,A$ und Zweit-B aus dem erzwungenen α-Mischkristalle liegen, geglüht oder nachgelassen, so setzt die Ausscheidung der Zweitbestandteile ein. Ihre Größe hängt von der Nachlaßtemperatur ab, sie ist selbst bei höchster Nachlaßtemperatur kleiner als beim normalisierenden Glühen. Durch das „Nachlaßvergüten“ (Härten und Nachlassen) kann die Festigkeit und Zähigkeit des Werkstoffes innerhalb bestimmter Grenzen verändert werden. Es ist nur bei riß- und verformungsfrei durchhärtbaren Gußstücken durchführbar. Von den Gußwerkstoffen weisen nur Stahl und Grauguß eine unterkühlungsfähige, vollständige Zweitkristallisation auf.

B. Bedingungen für den gießgerechten Entwurf.

41. Gleichmäßige Abkühlung. Der Entwerfer legt die unveränderlichen Gußbedingungen „Oberfläche“ und „Gewicht“ (Abschn. 34) für das Gußstück fest. Er hat dadurch einen Einfluß auf alle von der Abkühlungsgeschwindigkeit abhängenden Folgen, nämlich die Größe und Form der Kristallite, die Kristall- und Blockseigerung, die Folgen der flüssigen, Erstarrungs- und festen Schwindung und bei Werkstoffen mit teilweiser oder vollständiger Zweitkristallisation die Ausbildung des Zweitgefüges. Durch die Festlegung der Gestalt beeinflußt er auch das Auftreten von Gasblasen und Schlackeneinschlüssen (Tab. 12). Zur Erzielung des günstigsten Gußgefüges und zur Vermeidung der schädlichen Folgen aller Arten der Schwindung hat der Entwerfer das Gußstück derart zu gestalten, daß die Abkühlung in allen Teilen gleichmäßig und möglichst rasch vor sich geht. Dies ist durch Einhalten der folgenden Regeln zu erzielen:

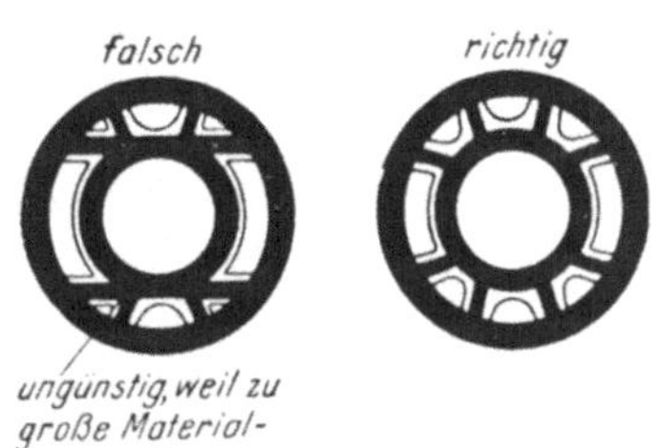

Abb. 18. Schiffsmaschinenzylinder.

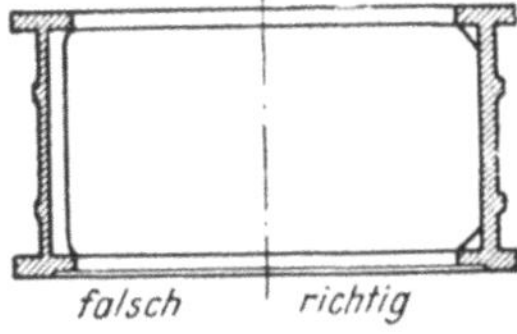

Abb. 19. Kollektorbüchse.

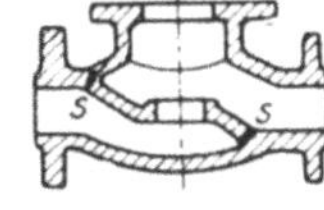

Abb. 20. Ventilgehäuse.

a) Gleiche *Wandstärke* der Außenwände und richtige Stärke der Innenwände. Abb. 18 und 19 sind Beispiele dafür, daß die Bedingung „gleiche Wandstärke der Außenwände“ vielfach erfüllt werden kann. Bei nicht allzu großen Unterschieden der Wandstärke der Außenwände ist ihre gleichmäßige Abkühlung dadurch zu erreichen, daß das Verhältnis ihrer Querschnittsflächen zu ihren Umfängen bei allen gleich gehalten wird. Innenwände erstarren und kühlen langsamer ab als Außenwände. Sie sind daher zur Vermeidung von Lunkern, Warmrissen oder Verformungen etwas schwächer zu machen. Wird die Scheidewand des Ventilgehäuses Abb. 20 in der gleichen Stärke wie das Gehäuse ausgeführt, so wird sie bei *s* lunkerig sein. Das Gußstück ist in diesem Falle auch nicht spannungsfrei. Ist diese Vorschrift nicht einzuhalten, so muß das Gußstück geteilt werden. Der Preßzylinder Abb. 21 ist, falls die Zylinderwandung nicht nach der strichpunktierten Linie verstärkt werden kann, nur dann lunkerfrei, wenn er geteilt wird. Kann man die Wandstärke nicht ändern und das Gußstück nicht teilen, so muß man seine Gestalt ändern (Beispiel: Abb. 22).

b) Ist wegen der Gestalt des Gußstückes keine gleichmäßige Abkühlung möglich, so kann man trotzdem ein lunker- und rissefreies, maßhaltiges Gußstück erhalten, wenn die verschiedenen Wandstärken *allmählich* ineinander übergehen. Das günstigste Verhältnis der Verjüngung ist 1:4 (Querschnittsunterschied: Länge der Verjüngung). An dem Kupplungszwischenstück Abb. 23 treten bei der falschen Ausführung zwischen Flansch und Rohrstück Warmrisse auf.

42. Lunkerfreiheit des Gußstückes wird noch durch folgende Forderungen gewährleistet:

a) Unvermeidliche *Werkstoffanhäufungen* sind tunlichst so festzulegen, daß auf ihnen verlorene Köpfe aufgesetzt werden können; dabei ist das Stück so zu gestalten, daß die verlorenen Köpfe möglichst klein sein können. Der Werkstoff-

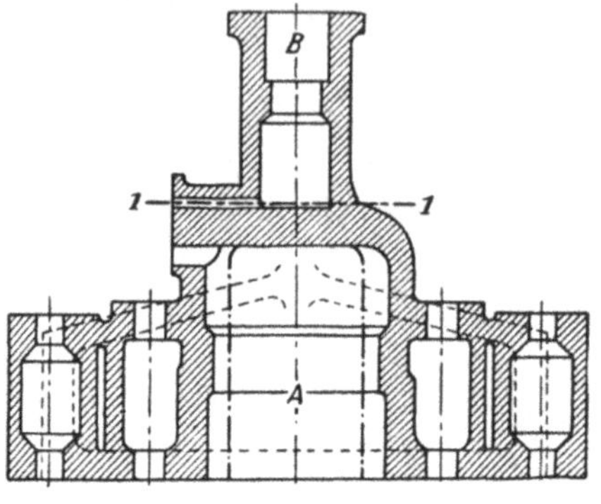

Abb. 21. Preßzylinder.

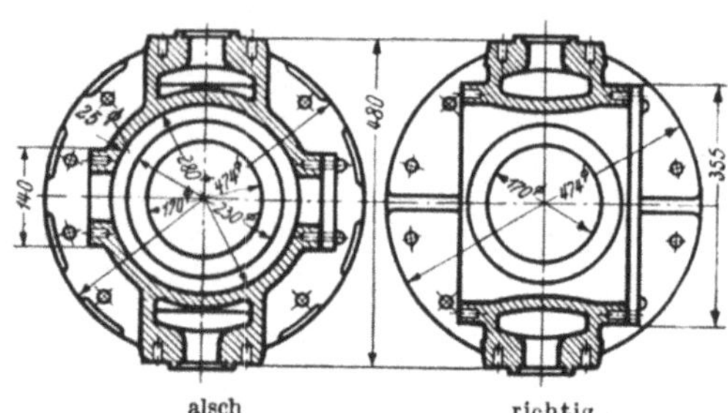

Abb. 22. Zylinder einer Ammoniakkältemaschine.

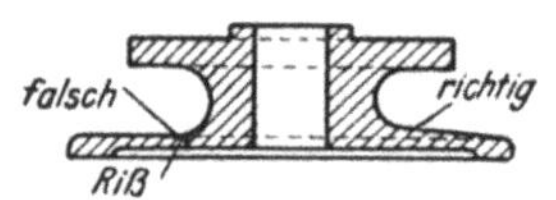

Abb. 23. Kupplungszwischenstück.

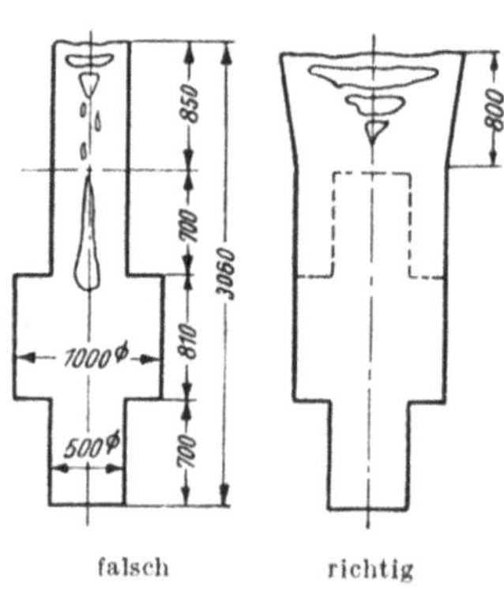

Abb. 24. Kammwalze.

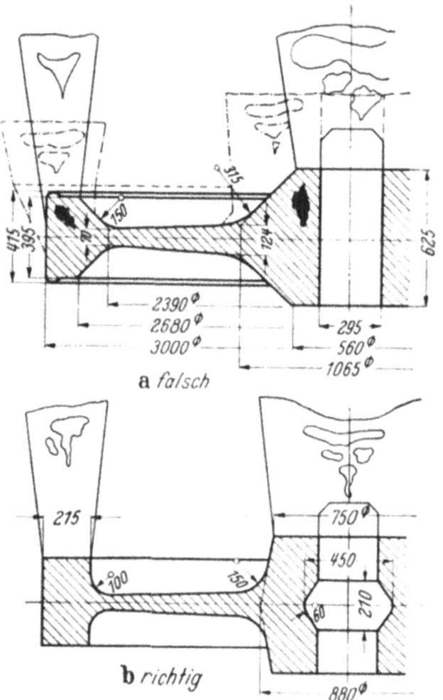

Abb. 25. Schwungrad.

aufwand für den verlorenen Kopf kann bei einzelnen Gußstücken sehr groß werden und dadurch die Stücke trotz ihrer einfachen Gestalt verteuern. Die Kammwalze Abb. 24 ist nur dann lunkerfrei, wenn der obere Zapfen mit dem verlorenen Kopf verstärkt abgegossen wird. Dies bedingt einen Mehraufwand an Werkstoff und Bearbeitungslöhnen von mehr als 20% des Gesamtwertes des Gußstückes. Er ist in diesem Falle nicht zu vermeiden, da die Form der Walze nicht geändert werden kann. In vielen Fällen ist dies aber möglich. Hat das Schwungrad die in Abb. 25a dargestellte Form, so ist es nur lunkerfrei zu gießen, wenn sowohl die Nabe als auch der Kranz an den Stellen der verlorenen Köpfe bedeutende Zugaben erhalten, wodurch für Zugaben und verlorene Köpfe 10000 kg aufgewendet werden. Wird das Rad jedoch nach Abb. 25b ausgeführt, so genügen 4200 kg. Bei Ausführung *b* werden 5800 kg Stahl im Werte von ungefähr 3500 DM und 250 DM für die Bearbeitung erspart, das sind 15% der Gesamtkosten des Gußstückes nach Ausführung a. Der Entwerfer hat in diesem Falle die Regel „genügende Querschnittswege zu den Stellen der Werkstoffanhäufungen" verletzt.

b) In der Zeichnung ist anzugeben, bei welcher Seite des Gußstückes es ganz besonders auf Dichtheit (Lunker-, Blasen- und Schlackenfreiheit) ankommt. Damit der Former dies bei der Lage des Gußstückes in der Form und beim Setzen der verlorenen Köpfe berücksichtigt, ist manchmal die Angabe des Verwendungszweckes notwendig.

Abb. 26. VDI-Form.

43. Fehlerfreies Schwinden erreicht der Entwerfer weiter auf folgende Weise:

a) *Scharfe Ecken* und Kanten sind wegen ihrer zusätzlichen, auch die Dauerfestigkeit herabsetzenden Kerbwirkung zu vermeiden. Sie wirken sich besonders bei Stengelkristallisation des Werkstoffes ungünstig aus. Der Halbmesser der

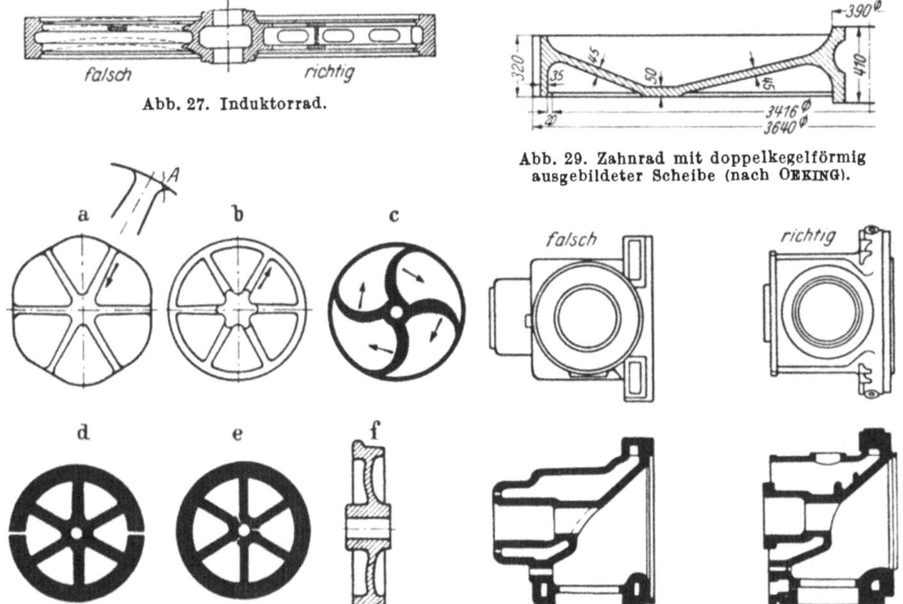

Abb. 27. Induktorrad.

Abb. 29. Zahnrad mit doppelkegelförmig ausgebildeter Scheibe (nach OEKING).

Abb. 28. Ausführungen von Scheiben- u. Speichenrädern.

Abb. 30. Zylinderkopf einer Zweitaktmaschine.

Hohlkehle soll bei Sand- und Masseguß $^1/_3$ bis $^1/_4$ der größeren Wandstärke betragen (betr. Spritzguß s. Tab. 9). Für den Anschluß von Flanschen an Zylindern wurde vom Verein Deutscher Ingenieure die in Abb. 26 wiedergegebene Form festgelegt.

b) Unbeschadet der vorstehenden Forderung sollen nach außen *gewölbte Flächen* nicht kreis- oder parabelförmig ausgebildet sein; sie sind kantig zu gestalten, sonst treten, falls ihr Mittelpunkt innerhalb der Gußstücke liegt, starke Schwindungskräfte auf. Nach innen gewölbte Flächen *müssen* kreis- oder parabelförmig ausgebildet sein.

c) Das Gußstück ist so zu gestalten, daß es sich nicht *verziehen* oder *reißen* kann. Diese Forderung ist, wie Abb. 27 zeigt, in manchen Fällen durch geringe Änderungen am Gußstück zu erfüllen. Vor allem ist auf das richtige Verhältnis der Querschnitte der einzelnen Teile zu achten. Ist bei Rädern der Kranz im Ver-

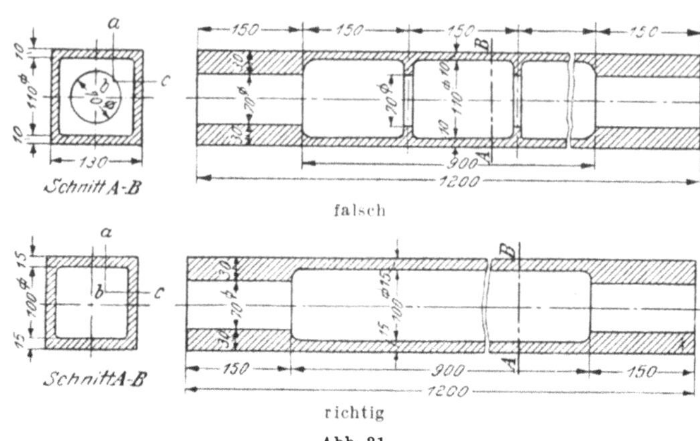

Abb. 31.

hältnis zur Nabe zu schwach (Abb. 28a), so wird er verzerrt, oder es treten Risse an den Verbindungsstellen von Arm und Kranz (*A*) auf. Ist die Nabe zu schwach, so wird sie verformt (Abb. 28b). S-förmig gebogene Arme (Abb. 28c) nehmen die Spannungen besser auf, sie sind aber schwieriger einzuformen, so daß sie nicht gern verwendet werden. Ein anderes Mittel zum Vermindern der Gußspannungen der Räder ist die Sprengung ihres Kranzes oder ihrer Nabe (Abb. 28d, e). Radkörper mit großem Durchmesser, die verzerrungsfrei bleiben sollen, erhalten an Stelle von Armen doppel-

Abb. 32. Versteifungsrippen.

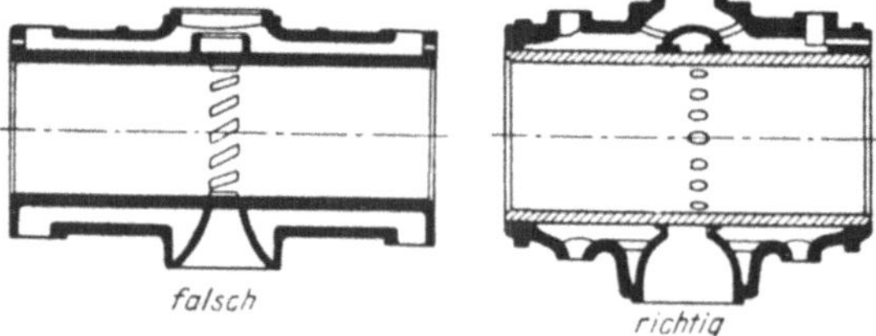

Abb. 33. Zweitaktgasmaschinen-Zylinder.

kegelförmig ausgeführte Scheiben nach System Oeking (Abb. 29). Bei kleinen Scheibenrädern genügt die gewölbte Ausführung (Abb. 28f).

d) Gußstücke mit geschlossenem, *kastenförmigem* Querschnitt schwinden infolge Widerstandes des Kernes schwieriger als offene. Die geschlossene Ausführung läßt sich vielfach durch die offene ersetzen (Abb. 30). Bei der richtigen Ausführung sind auch die Putzkosten geringer.

e) Um die Störung der festen Schwindung durch den Widerstand der *Form* zu vermeiden, soll das Gußstück keine in die Form hineinragende Teile besitzen (Abb. 31). Versteifungsrippen sollen möglichst vermieden werden. Sind sie nicht zu umgehen, so müssen sie schwächer sein als das Gußstück (Abb. 32).

f) Der Entwerfer muß es dem Former möglich machen, an den durch die gestörte feste Schwindung gefährdeten Stellen Versteifungsrippen (s. in Abb. 32) anzubringen.

g) Kann keines der angeführten Mittel angewendet werden, so ist das Gußstück zu *teilen.* Wird der Zylinder (Abb. 33) in einem Stück hergestellt, so treten zu starke Spannungen auf. Die Ausführung mit getrennter Buchse vermeidet sie. Sie hat auch noch den Vorteil, daß die Laufbuchse nach Verschleiß erneuert werden kann.

h) Soll der Werkstoff sein volles Arbeitsvermögen besitzen, so muß für das Gußstück, falls es nicht anderen Wärmebehandlungen unterzogen wird, spannungsfreies *Glühen* vorgeschrieben werden.

44. Schlackeneinschlüsse und Gasblasen vermeidet der Entwerfer, wenn er folgende Bestimmungen beachtet:

a) *Waagerechte Flächen* sind in der Form auf ein Mindestmaß einzuschränken. Abb. 34 zeigt, wie Luftblasen und Schlackeneinschlüsse unter der Oberfläche der abgebildeten Gußstücke auftreten können. Sie schwächen den Querschnitt. Sind solche Gußstücke zu bearbeiten, so müssen zur Erzielung einer reinen Oberfläche größere Zugaben vorgesehen werden. Dies erhöht die Kosten des Gußstückes. Diesen Übelständen kann man vielfach mit konstruktiven Mitteln abhelfen (Abb. 35 und 36). Der „richtig“ gestaltete Mischerring ist blasen- und schlackenfrei. Durch den Entfall der Rippen vereinfacht sich außerdem das Einformen, Putzen und Bearbeiten. Er ist fehlerfrei, um 6% leichter und daher billiger. Das gleiche gilt von der verbesserten Form des Ilgner-Rades, das allseitig bearbeitet werden muß.

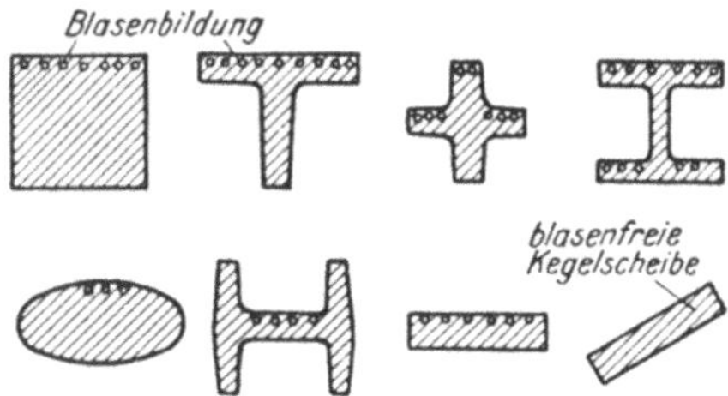

Abb. 34. Blasenbildung bei den verschiedenen Querschnitten.

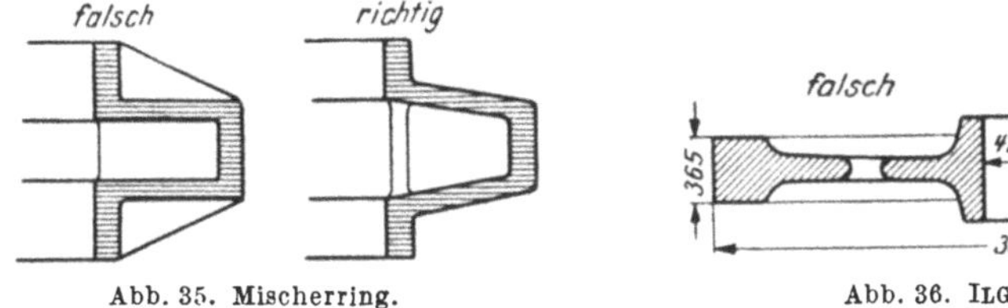

Abb. 35. Mischerring.

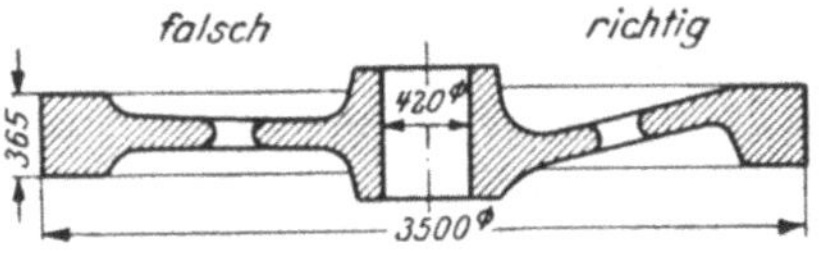

Abb. 36. Ilgner-Rad.

Hier entsteht auch noch der Vorteil, daß das Gußstück spannungsfrei ist. Die Vermeidung von Luftblasen ist manchmal nur durch Teilen des Gußstückes zu erreichen.

b) Bei Grau-, Temper- und Stahlguß sind die Gußstücke zur Vermeidung der *Reaktionsgasblasen,* die auf verrostete Kernstützen oder Einlagen zurückzuführen sind, möglichst so zu gestalten, daß diese nicht notwendig sind.

45. Zur einwandfreien Füllung der Form muß das Gußstück die für jeden Werkstoff in Betracht kommende Mindestwandstärke haben (siehe Kap. III: technolog. Eigensch. d. Werkstoffe und Tab. 8). Plötzliche Übergänge der Querschnitte und scharfe Ecken erschweren die Formfüllung und sind auch aus diesem Grunde zu vermeiden.

C. Maßnahmen der Gießerei für das Schmelzen und Gießen.

46. Die veränderlichen Gußbedingungen beeinflussen, wie Tab. 12 zeigt, sämtliche Vorgänge in der Form beim Abkühlen der Schmelze bis auf Raumtemperatur. Der Gießer hat sie so zu wählen, daß die Abkühlung möglichst gleichmäßig und rasch verläuft, da diese Art der Abkühlung für alle Vorgänge, mit Ausnahme der

Kristallseigerung, die beste ist. Zu diesem Zwecke muß er den Werkstoff mit möglichst niedriger Temperatur, die von der Gießtemperatur und der Gießgeschwindigkeit abhängt, in die Form bringen. Weiter muß er die Form aus dem entsprechenden Formstoff herstellen und sie in den für das Gußstück günstigsten Zustand (Temperatur, bei keramischen Formen auch Gasdurchlässigkeit, bei metallischen Formen auch Wandstärke und Kühlung) bringen. Das Gußgefüge, die Schlacken- und Blasenfreiheit hängen auch noch ab von dem Zustande und der Zusammensetzung der Schmelze sowie von der Sorgfalt beim Einschmelzen des Werkstoffes.

47. Einwandfreies Schmelzen setzt in erster Linie einwandfreie Rohstoffe und Zusätze voraus.

a) Dem Stahl wird beim Erschmelzen die gewünschte *Zusammensetzung* in bezug auf Kohlenstoff, Mangan, Silizium durch Frischvorgänge oder oxydierendes Schmelzen gegeben. Bei dem basischen Stahlschmelzverfahren wird auch noch Phosphor, bei dem basischen Elektro-Stahlschmelzverfahren der Phosphor und Schwefel entfernt. Alle übrigen Werkstoffe werden nur ein- oder umgeschmolzen. Der Einsatz muß so zusammengestellt werden, daß die Schmelze trotz der beim Schmelzen vor sich gehenden unvermeidlichen Veränderungen die gewünschte Zusammensetzung hat. Er darf bei allen Gußsorten, falls die schädlichen Begleiter beim Schmelzen nicht entfernt werden können, diese nur in dem zulässigen Höchstausmaße enthalten.

b) Beim Schmelzen soll tunlichst *kein Sauerstoff* aufgenommen werden, was bei allen Gußwerkstoffen möglich und schädlich ist. Bei Roheisenguß (Grau-, Hart- und Temperguß) schützt der hohe Kohlenstoff- sowie der Mangan- und Siliziumgehalt die Schmelze vor der Sauerstoffaufnahme. Der Grad der Oxydation hängt von der Art des Schmelzofens und der Durchführung des Schmelzprozesses ab. Er ist bei Elektroöfen aller Art und bei brennstoffgefeuerten Tiegel- oder Gefäßöfen am geringsten, da hier die Ofenatmosphäre nicht wechselt. Er ist bei den Brennstoff-Schachtöfen geringer als bei den Brennstoff-Herdöfen. Bei den letzteren hängt er von dem Luftüberschuß der Verbrennungsgase ab, der wieder durch die Brennstoffart bedingt ist. Bei Heizung mit festen Brennstoffen ist die Gefahr der Oxydation größer als bei kohlenstaub-, öl- oder gasgefeuerten Öfen. Die Auswahl des Ofens hängt von den Gesamtkosten und der notwendigen Güte der Schmelze ab. Falls ein bestimmter täglicher Mindestschmelzbetrieb möglich ist, ist der Elektroofen, der einen geringen Abbrand und Gußausschuß ergibt, wegen dieser Ersparnis an Werkstoff bei Metallguß aller Art wirtschaftlicher als der Brennstoffofen. Er verdrängt daher auf dem Gebiete des Metallgusses aller Art immer mehr die brennstoffgefeuerten Tiegel- oder anderen Öfen. Auch auf dem Gebiete des verwickelten und dünnwandigen unlegierten Stahlgusses sowie des legierten Stahlgusses aller Art dringt er immer weiter vor. Bei Grau- und Temperguß kann er nur zur Erzeugung der höchsten Gütegrade herangezogen werden.

c) *Führung der Schmelze.* Bei den Legierungen, die leicht oxydierbare Bestandteile enthalten, wird zuerst das gegen Oxydation weniger empfindliche Metall eingeschmolzen. Erst nach seiner Desoxydation werden die andern Bestandteile zugesetzt. So wird bei den Kupferlegierungen zuerst das Kupfer niedergeschmolzen. Bei Messing wird dadurch auch die stärkere Verdampfung des Zinks verhindert. Bei diesen Legierungen sowie den Leichtmetallegierungen werden die Zusatzmetalle meist nicht in elementarer Form, sondern als Vorlegierung eingesetzt. Die Oxydation während des Einschmelzens und des Überhitzens kann durch eine Holzkohlen-, Schlacken- oder Flußmitteldecke (Leichtmetallguß) eingeschränkt werden. Bei Magnesiumlegierungen wird durch das

Flußmittel auch die Einwirkung des Stickstoffes, die zu Nitridbildung führt, verhindert. Die Gußabfälle der Magnesiumlegierungen müssen sandfrei sein, da sonst Magnesiumsilizid entsteht, das den Guß spröde macht. In der Atmosphäre der Öfen, die zum Schmelzen der Leichtmetallegierungen verwendet werden, soll kein Wasserdampf vorhanden sein, da Aluminium und Magnesium mit ihm in Reaktion treten. Die Schmelze wird dadurch oxydiert und nimmt gleichzeitig Wasserstoff auf. Die Schmelze ist so zu führen, daß ihr Gasgehalt unter dem Gassättigungsvermögen des erstarrenden Werkstoffes bleibt. Der Gasgehalt hängt von der Zusammensetzung der Ofenatmosphäre, der Stärke ihres Wechsels und der Temperatur der Schmelze ab. Die technischen Eisensorten lösen Wasserstoff, Kohlenmonoxyd und Stickstoff, das Kupfer und die Kupferlegierungen Wasserstoff, Schwefeldioxyd und Kohlenmonoxyd, die Leichtmetallegierungen Wasserstoff und Kohlenwasserstoffe auf. Die Gasaufnahme wird durch die Schlacken- oder Flußmitteldecke verzögert. Der Gasgehalt kann durch Abkühlen bis auf die Erstarrungstemperatur mit nachfolgendem Wiedererhitzen herabgesetzt werden, doch wird von diesem Mittel selten Gebrauch gemacht.

Nach dem Einschmelzen muß die Schmelze auf die entsprechende Temperatur gebracht, d. h. überhitzt werden. Die *Überhitzung* muß mindestens so hoch sein, daß ein Vergießen des Werkstoffes möglich ist. Die Schmelzen der Werkstoffe, bei welchen die starke Überhitzung zu einem unterkühlten Verlauf der Erstkristallisation und dadurch zu feineren Kristalliten oder anderen Vorteilen führt, sind so hoch wie möglich zu überhitzen. Bei Grauguß bewirkt die Überhitzung eine feinkörnige oder graupelige Ausscheidung des Graphites, gleichzeitig hängt auch seine Menge teilweise von ihr ab. Ein aus überhitzt erschmolzenem Roheisen hergestellter Temperrohguß benötigt kürzere Glühzeiten. Bei den Aluminiumlegierungen kann die Überhitzung mit Rücksicht auf die sonst zu starke Gasaufnahme, bei den Messingsorten mit Rücksicht auf die Verdampfung des Zinks nicht so hoch getrieben werden. Nach dem Überhitzen wird die Schmelze mit Ausnahme derjenigen der Leichtmetallegierungen *desoxydiert.* Aus den Schmelzen der letzteren werden vor dem Überhitzen die in der Schmelze schwebenden, schädlichen Oxyde durch Einrühren vollkommen trockener Flußmittel herausgewaschen. Ist nach dem Überhitzen die Temperatur der Schmelze höher als die notwendige Gießtemperatur, so läßt man sie im Ofen oder in der Pfanne abstehen. Die Temperatur wird mit Pyrometern überwacht.

d) *Das Abgießen* erfolgt mittels Pfannen, in die die Schmelze nach dem Abstehen gebracht wird. Bei Schmelzen, die mit einer dünnflüssigen Schlacke bedeckt sind, muß diese zur Vermeidung ihrer Emulsionierung in der Schmelze beim Abstich versteift werden. Die Pfannen müssen bei den schwerschmelzbaren Werkstoffen mit entsprechend feuerfesten Werkstoffen ausgekleidet sein. Die Auskleidung darf auch nicht abbröckeln. Beim Abgießen von leicht oxydierenden Werkstoffen ist besonders darauf zu achten, daß die Wiederoxydation vermieden wird; sie dürfen nicht fallend vergossen werden. Die Gießtemperatur ist in der Regel so zu wählen, daß gerade noch eine Füllung der Form möglich ist. Sie hängt von der Gießgeschwindigkeit ab, die durch den Querschnitt der Anschnitte und die Höhe des Gußtrichters bestimmt wird. Bei kleinen Gußstücken muß die Gießtemperatur höher sein als bei großen Gußstücken, bei Kokillenguß höher als bei Sandguß, bei grünem Sandguß höher als bei Trockenguß. Die Zahl der Anschnitte, ihr Gesamtquerschnitt und ihre Anordnung muß so sein, daß einwandfreie Füllung der Form erzielt wird (vgl. auch Abschn. VI A).

48. Vorkehrungen gegen den Lunker. Das sicherste Mittel des Formers zur Vermeidung von Lunkern besteht im Anordnen eines verlorenen Kopfes über dem gefährdeten Teil des Stückes. Er ist nur an den oberen Flächen des Gußstückes anzubringen und nur dann wirksam, wenn die Verbindungsstelle mit dem Gußstück bis zum beendeten Erstarren offen bleibt und sein Rauminhalt so groß ist, daß genügend Werkstoff zum Nachfließen vorhanden ist (Abb. 25a, gestrichelter Kopf). Seine Größe hängt ab von der flüssigen und Erstarrungsschwindung des Werkstoffes, dem Anteil des nach dem Gießen noch vorhandenen flüssigen Teiles des Gußstückes und dem Verhältnis der Abkühlungsgeschwindigkeit des Werkstoffes in der Form und im verlorenen Kopfe. Ist die Form des Gußstückes und des verlorenen Kopfes aus gleichem Werkstoff hergestellt, so muß er sich nach oben erweitern (Abb. 25). Zur Verringerung des Werkstoffaufwandes für verlorene Köpfe wurden bisher Lunkerungspulver und isolierende, brennbare, sogar thermitische Stoffe verwendet. Nunmehr werden dafür Trichtereinsätze aus wärmeabgebenden Stoffen herangezogen, die die äußere Wand des Trichters und die Übergangsstelle des verlorenen Kopfes zum Gußstück warmhalten. Bei schwerem Stahlguß wird der verlorene Kopf mit Hilfe des Lichtbogens flüssig gehalten. Der Werkstoffaufwand für verlorene Köpfe wird dadurch ganz bedeutend herabgesetzt. Ist die Form des Gußstückes eine Kokille, die des verlorenen Kopfes eine keramische, so kann er sich nach oben verjüngen (Abb. 12). In diesem Falle kann seine Größe durch Vorwärmen seiner Form weiter eingeschränkt werden. Sein vorzeitiges Erstarren kann durch Aufgeben von Holzkohle verhindert werden. Ist einige Zeit nach dem Abguß ein Nachgießen möglich, so kann er auch kleiner gehalten werden. Das vorzeitige Zuwachsen der Verbindungsstelle wird bei großen Gußstücken durch wiederholtes Durchstoßen dieser Stelle je nach dem Werkstoffe mit trockenen Holz- oder Stahlstangen verhindert. Bei kleinen Gußstücken wendet der Former an Stelle des verlorenen Kopfes Saugnäpfe oder -tümpel an, die in der Nähe der lunkergefährdeten Stellen angebracht werden (Abb. 37).

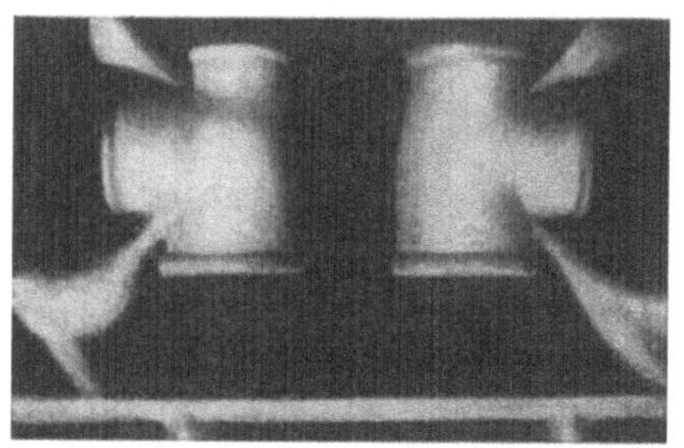

Abb. 37. Saugnäpfe, Temperguß (LEBER).

Bei *großen* Gußstücken hat auch die Art des Einformens auf das Auftreten eines Lunkers einen Einfluß. Abb. 38 zeigt eine Kurbelwange aus Stahlformguß, die einmal stehend, das zweite Mal liegend eingeformt ist. Im zweiten Falle ist sie bei Verwendung der beiden verlorenen Köpfe *D* und *E* lunkerfrei. Bei stehendem Einformen weist sie selbst bei Verwendung eines noch so großen verlorenen Kopfes bei *H* einen Lunker auf.

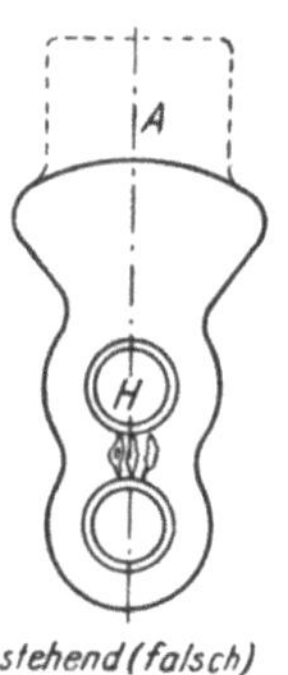

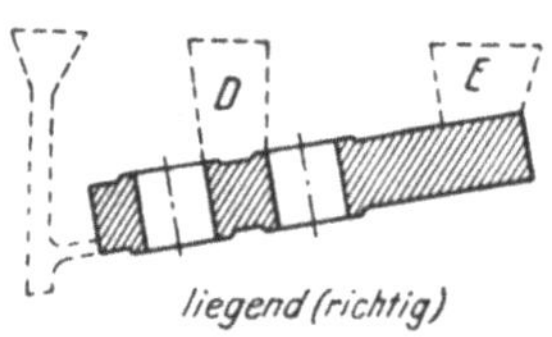

Abb. 38. Kurbelwange (Einfluß der Art des Einformens auf den Lunker (OSANN).

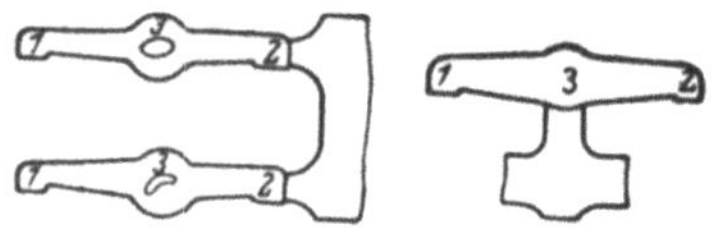

Abb. 39. Einfluß des Anschnittes auf den Lunker.

Wie Abb. 39 zeigt, hängt die Dichtheit *kleiner* Gußstücke auch von der Lage des Anschnittes ab. Bei Ausschnitt des Hebels an einem der beiden Enden (*1* oder *2*) ist er in der Mitte (*3*) lunkerig. Wird der Anschnitt an dieser Stelle vorgesehen, so ist er gesund.

Hat das Gußstück *Werkstoffanhäufungen* an Stellen, an denen die Anbringung eines verlorenen Kopfes nicht möglich ist, so kann der Former, falls die Anhäufungen nicht so groß sind, Dichtheit an diesen Stellen durch das Anlegen von Schreckplatten (Kokillen) erreichen (Abb. 40 u. 41). Ist die Anhäufung zu groß, so hilft auch die Schreckplatte nicht. In diesem Falle ist Lunkerfreiheit nur dadurch zu erzielen, daß der Former in die Form eine Einlage aus dem gleichen Werkstoffe

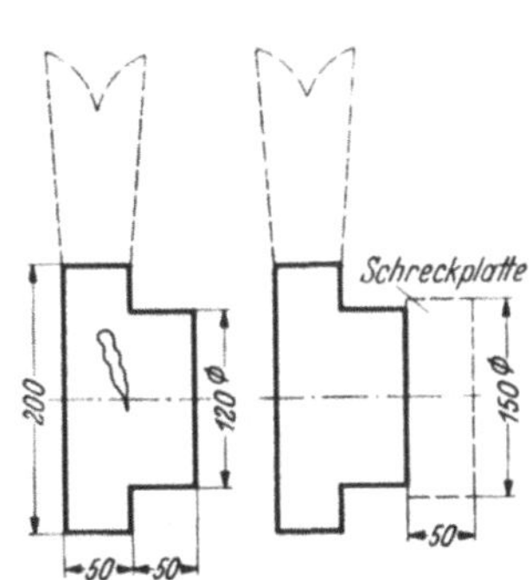

Abb. 40. Wirkung der Schreckplatten.

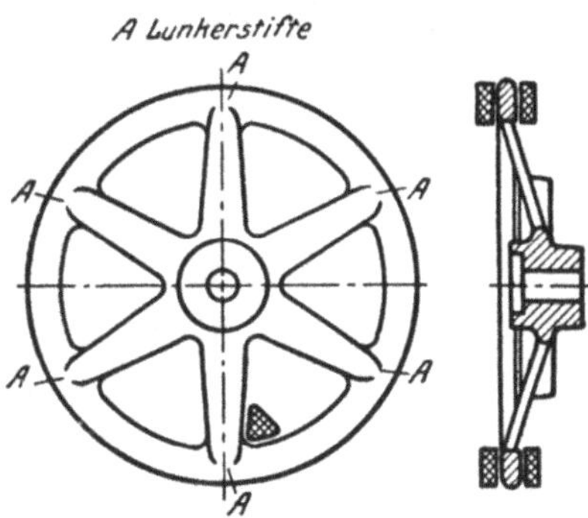

Abb. 41. VOLAND-Rad.

einlegt, die blank oder metallisiert sein muß (bei Eisen beispielsweise verzinnt) (Abb. 42). Der Querschnitt dieser Einlage muß zu dem Querschnitte der Anhäufung in einem solchen Verhältnisse stehen, daß die Einlage nur an der Oberfläche aufgeschmolzen wird. Ist sie zu schwach, so daß sie gänzlich aufschmilzt, so wird trotz ihrer Verwendung ein Lunker vorhanden sein. Ist sie zu stark, so daß ihre Oberfläche nicht aufschmilzt, so schweißt sie nicht ein. Bei kleinen Gußstücken erfüllen Lunkernägel den gleichen Zweck Beide Hilfsmittel sind schwierig zu beherrschen. Der Entwerfer soll daher mit ihrer Verwendung nur dann rechnen, wenn es nicht anders geht.

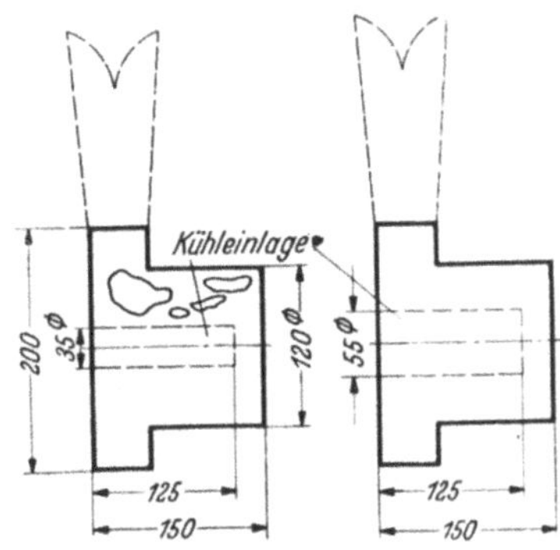

Abb. 42. Wirkung der Kühleinlagen.

49. Feste Schwindung, Schwindmaße, Zweitkristallisation. Der Former kann die Störung der festen Schwindung durch die folgenden Mittel einschränken oder vollkommen verhindern:

a) Verwendung nachgiebiger, tunlichst hohl ausgebildeter Kerne (Abb. 43). Ist die hohle Ausführung nicht möglich, so müssen nachgiebige Formstoffe oder nachgiebige Einlagen verwendet werden (Abb. 44).

b) Anbringen der Anschnitte, Steiger und Windpfeifen an solchen Stellen, daß sie das Schwinden der Gußstücke nicht stören. Wird beispielsweise die Kurbelwelle nach Abb. 45 in der angegebenen Art angeschnitten, so wird sich bei *2* und *3* der heißeste, bei *3* und *4* der kälteste Stahl befinden. Wird nun *3* und *4* durch irgendein Hindernis im Schwinden gehindert, so reißt die Welle an der Übergangsstelle zum Blatt. Wird der Einguß aber am Ende des längeren Schaftes angebracht und werden beide Schäfte etwas kegelig ausgebildet, so ist das Gußstück fehlerlos. Der Former wird außerdem zwischen den Schäften und den Blättern die in der Abbildung wiedergegebenen Versteifungsrippen anbringen.

c) Vergleichmäßigung der Abkühlung der ungleichen Querschnitte durch Anlegung von Schreckplatten oder Kokillen an den Anhäufungen oder Querschnittsübergängen (Abb. 41).

d) Anbringen von Versteifungsrippen an den durch das Schwinden gefährdeten Teilen (Abb. 32, 45).

e) Verhinderung von Gratbildung durch gutes Aufeinandersetzen der Formkästen.

f) Aufbrechen oder Erweichen (Eingießen von Wasser) der keramischen Formen. Beides darf nicht vor dem beendeten Erstarren der Schmelze, aber auch nicht zu spät erfolgen, da sonst schon Warmrisse entstanden sein können. Die Anwendung dieses Hilfsmittels bedarf der Erfahrung. Bei Grauguß, der sich nach dem

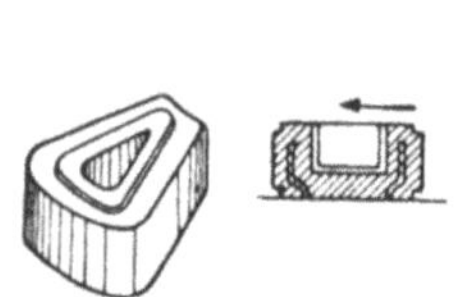

Abb. 43. Kern für Speichenräder.

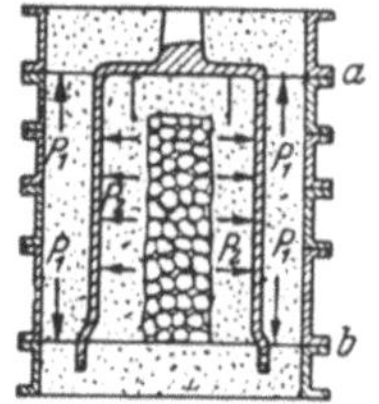

Abb. 44. Nachgiebiger Kern.

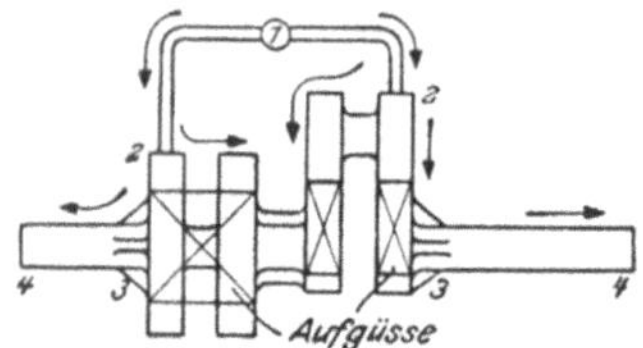

Abb. 45. Kurbelwelle.

Erstarren infolge der Graphitausscheidung etwas ausdehnt, kann die Form etwas später zerstört werden. Bei Kokillenguß muß das Gußstück nach dem Erstarren möglichst rasch aus der Form gebracht werden, zumindest müssen die Kerne sofort gezogen und die Steiger und Aufgüsse abgeschlagen werden. Durch Verwendung heißer Kokillen, die eine gleichmäßigere Abkühlung herbeiführen, wird bei heiklen Stücken die Rißgefahr herabgesetzt. Dasselbe gilt auch für Spritz- und Preßguß.

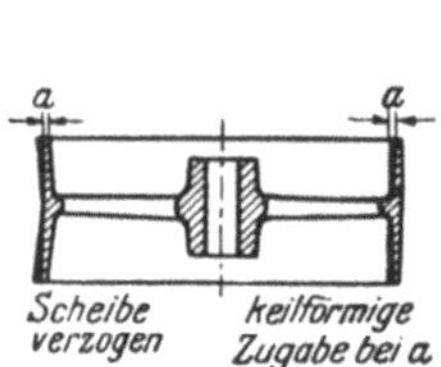

Abb. 46. Riemenscheibe.

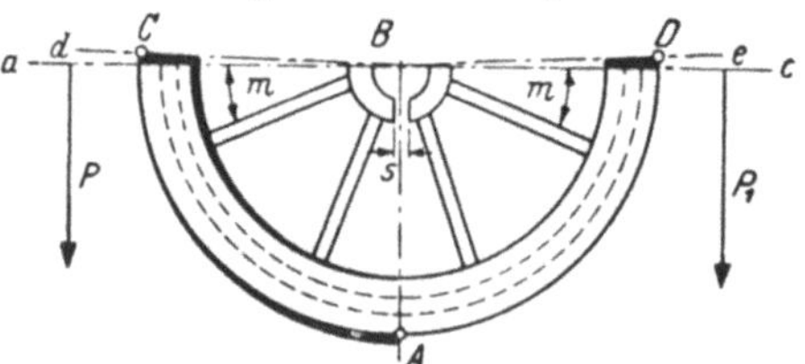

Abb. 47. Polradhälfte.

g) Verwendung des Ist- und nicht des Soll-Schwindmaßes bei der Herstellung des Modelles der Gußstücke, die in der festen Schwindung gestört werden. Wird das Modell der Riemenscheibe (Abb. 46) mit dem Soll-Schwindmaße ausgeführt, so kann das Gußstück infolge des durch die gestörte Schwindung herbeigeführten, links angedeuteten Verziehens des Kranzes beim Abdrehen bei a zu schwach und damit Ausschuß werden. Der Former muß daher an der Innenseite des Kranzes eine (rechts angedeutete) keilförmige Zugabe anbringen. Hat sich diese Zugabe durch die gestörte Schwindung nicht ausgeglichen, so bedingt sie nur eine Nacharbeit der Innenfläche auf das richtige Maß. Ein weiteres Beispiel ist die in Abb. 47 gezeichnete Polradhälfte. Sie schwindet bei A unbehindert, aber nicht bei C und D. Das Gußstück verzieht sich dadurch in der Richtung der Pfeile P und P_1 mit dem Punkte A als Drehpunkt. War das Gußstück allseitig mit gleichen Bearbeitungszugaben eingeformt, so wird es bei großen Durchmessern durch das Verziehen Ausschuß, da bei C und D der Innendurchmesser und der Außendurchmesser zu groß ausfallen. Der Ausschuß wird vermieden, wenn die Innenzugabe von A aus nach C und D keilförmig zu-, die Außenzugabe von A aus ebenso abnimmt. Diese Beispiele zeigen, daß das Gußstück vielfach nur auf Kosten eines höheren Gußgewichtes und eines größeren Aufwandes für das Bearbeiten einwandfrei herzustellen ist. In derartigen Fällen muß der Besteller, falls er die Bearbeitung selbst durchführt, einer größeren Gewichtsabweichung zustimmen.

Die sichere Beurteilung der Schwindungsvorgänge und ihr Ausgleich durch Einhalten der Ist-Schwindmasse ist eine Kunst, die die Gießerei auf Grund der Erfahrungen beherrschen lernt. Um diese zu sammeln, soll sie sich über jedes einzelne Gußstück ein *Stammblatt* anlegen, in welchem die Art der Herstellung des Modelles, das Einformen und die Erscheinungen beim Schwinden festgehalten werden. Bei Massenerzeugung sollte man zuerst einen Probeguß anfertigen. Tab. 14 gibt die Durchschnittsschwindmasse für Grau-, Temper- und Stahlguß an. Nach DIN 1511, Blatt 2 beträgt das Durchschnittsschwindmaß für Al- und Mg-Legierungen 1,25, für Bronze, Messing und Rotguß 1,5, für Sondermessing 2, für Zinn 0,5, für Zink 1,5 und für Pb 1. Weicht das Ist-Schwindmaß von dem Soll-schwindmaß ab, so ist das abweichende Schwindmaß bei der Modellbestellung anzugeben. Das benutzte Schwindmaß ist sodann auf das Modell oder die Lehre zu schreiben. Die Bestimmung des Schwindmaßes ist in der DIN 50131 festgelegt.

Tabelle 14. *Durchschnittsschwindmaße.*

<table>
<tr><th colspan="3">Grauguß</th><th colspan="4">Temperguß[1]</th><th colspan="3">Stahlguß</th></tr>
<tr><th colspan="2">Art</th><th>Schwind-maß %</th><th colspan="3">Art</th><th>Schwind-maß %</th><th colspan="2">Art</th><th>Schwind-maß %</th></tr>
<tr><td colspan="2" rowspan="2">leichter und mittlerer</td><td rowspan="2">1,0</td><td rowspan="6">weißer</td><td colspan="2">Rohguß 15…7 mm</td><td>1,85…2,02</td><td colspan="2" rowspan="4">Soll-Schwindmaß (0,1…1% C)</td><td rowspan="4">2,4…2,1</td></tr>
<tr><td rowspan="5">getempert Wandstärke[1]</td><td>bis 5 mm</td><td>2,4</td></tr>
<tr><td rowspan="4">Zylinderguß</td><td rowspan="2">in der Länge</td><td rowspan="2">0,9</td><td>bis 8 mm</td><td>2,0</td></tr>
<tr><td>9…15 mm</td><td>1,5</td></tr>
<tr><td rowspan="2">im Durchmesser</td><td rowspan="2">0,5</td><td>16…25 mm</td><td>1,0</td><td rowspan="3">zylindrische Gußstücke (Durchm. u. Länge)</td><td rowspan="2">über 1 m</td><td rowspan="2">1,6…2</td></tr>
<tr><td>bis 45 mm</td><td>0,5</td></tr>
<tr><td colspan="2">schwerer Guß</td><td>0,7…0,8</td><td rowspan="3">schwarzer</td><td colspan="2">Rohguß 15…7 mm</td><td>1,80…1,93</td><td>unter 1 m</td><td>2</td></tr>
<tr><td colspan="2">Guß mit Rippen</td><td>0,5…0,7</td><td rowspan="2">getempert</td><td>dünn 7 mm</td><td>1,5</td><td colspan="2">Speichenräder ....</td><td>1,8</td></tr>
<tr><td colspan="2">—</td><td>—</td><td>dick 15 mm</td><td>1,0</td><td colspan="2">12% Mn-Stahl ....</td><td>2,8…3,0</td></tr>
</table>

[1] Nach STOLZ und HENFTING, Stahl u. Eisen 1925 S. 2145.

h) Schwindung und Warmfestigkeit hängen von der Zusammensetzung der Gußwerkstoffe ab. Ungewollte Elemente, die beide Eigenschaften verschlechtern, dürfen daher auch aus diesem Grunde ein bestimmtes Ausmaß nicht überschreiten. Grauguß schwindet um so weniger, je stärker seine Graphitausscheidung ist. Für Graugußstücke, die ihrer Form nach zu starken Schwindungsstörungen neigen, ist, falls es die mechanischen Beanspruchungen gestatten, ferritisches Gußeisen zu verwenden. Zu starken Gußspannungen neigende Stahlgußstücke sollen aus härterem Stahl hergestellt werden. Ein höherer Mangangehalt ist auch von Vorteil, da er als solcher und durch seinen Einfluß auf die Art der Bindung des Sauerstoffes und des Schwefels die Warmfestigkeit des Stahles erhöht. Phosphor und Schwefel erhöhen bei den technischen Eisensorten die Rißgefahr. Beim Phosphorgehalt des Stahles soll man die Forderung jedoch nicht zu weit treiben. Seine weitgehende Beseitigung ist nur durch Anwendung einer oxydreichen Schlacke möglich. Es besteht dann die Gefahr, daß der Stahl zuviel Sauerstoff aufnimmt, was noch unerwünschter ist. Saurer und basischer S.-M.-Stahl gleicher Zusammensetzung verhalten sich beim gestörten Schwinden gleich. Auch bei Metallguß hängt die Warmfestigkeit von der Reinheit der Schmelze ab.

i) Hochbeanspruchte Gußstücke, in welchen Spannungen zu erwarten sind, sind, falls sie nicht einer anderen Wärmebehandlung unterworfen werden, spannungsfrei zu *glühen.*

50. Kristall-, Blockseigerungen, Gasblasen, Schlackeneinschlüsse. Die Vorkehrungen der Gießerei gegen die angeführten Vorgänge sind der Tab. 13 zu entnehmen. Die Gasdurchlässigkeit der Form hängt ab von der Beschaffenheit des Formstoffes — Korngröße, Ton- und Feuchtigkeitsgehalt — und dem Grade seiner Verdichtung. Sie kann durch Luftstechen verbessert werden. In den Kernen sind zur Abführung der Kerngase Kanäle vorzusehen. Sind Schreckplatten in grüne Formen einzulegen, so müssen sie vorgewärmt werden, damit sich keine Feuchtigkeit an ihnen niederschlägt, die zu Dampfblasenbildung Veranlassung gibt.

VI. Sonstige Vorkehrungen zur Erzielung von einwandfreien Gußstücken.

A. Modell, form- und putztechnische Maßnahmen.

In diesem Abschnitt wird dargestellt, mit welchen Mitteln der Entwerfer und der Former es möglich machen können, daß die Kosten für das Modell, das Einformen und das Verputzen das niedrigste Ausmaß erreichen. Die Vorkehrungen, die der Entwerfer zur Senkung der Modell- und Putzkosten zu treffen hat, decken sich nahezu vollkommen mit jenen, die zur Erzielung billigsten Einformens notwendig sind. Sie werden daher gemeinsam besprochen.

51. Gestaltung des modell-, form- und putzgerechten Gußstückes. Die oft durch geringfügige Änderungen in der Gestalt des Gußstückes erfüllbaren Regeln für den modell-, form- und putzgerechten Entwurf sind folgende:

a) Größte *Einfachheit* der Gestalt des Gußstückes, Vermeidung gekrümmter Flächen. Je verwickelter die Gestalt, um so teurer ist das Modell, die Form und

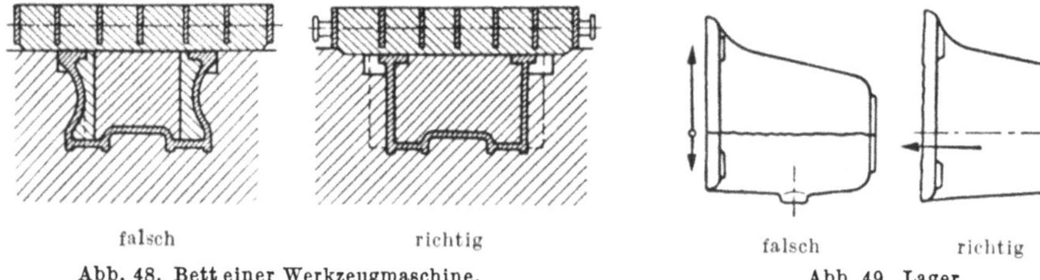

Abb. 48. Bett einer Werkzeugmaschine.

Abb. 49. Lager.

das Putzen. Das letztere wird bei verwickelter Gestalt vielfach dadurch erschwert, daß die Bedingung für ein billiges Putzen, „leicht zugängliche Außen- und Innenflächen", nicht erfüllt wird. Der Entwerfer gibt dem Gußstück vielfach mit Rücksicht auf sein schönes Aussehen eine verwickelte Gestalt, obwohl die einfache Form in der Regel auch die schönste ist. Das Bett einer Werkzeugmaschine nach Abb. 48 ist ein Beispiel hierfür. Die falsche Ausführung bedingt nicht nur höhere Modell-, Form- und Putzkosten, sie ist auch noch vom gießtechnischen Standpunkte aus zu verwerfen.

b) *Teilungen der Modelle* sind zu vermeiden oder auf das geringste Ausmaß einzuschränken. Die Formteilung ist nach Tunlichkeit in bearbeitete Flächen zu verlegen, sie soll in einer Ebene liegen. Jede Teilung des Modelles erhöht die Modell- und die Einformkosten; falls der durch die Teilung herbeigeführte Grat nicht in eine zu bearbeitende Fläche fällt, sind auch die Putzkosten höher. Die unebene

Formteilung schaltet die Verwendung der Formmaschinen aus, sie erschwert auch die Handformung. Besitzt das in Abb. 49 wiedergegebene Lager die falsche Gestalt, so muß das Modell in der Mitte geteilt werden, außerdem müssen die Augen lose angebracht sein. Es verletzt damit auch die später angeführte Regel „Vermeide lose Teile am Modell". Das Modell muß liegend eingeformt werden. Der in der Mitte des Gußstückes entstehende Grat muß durch Putzen entfernt werden. Wird dieses Lager in der richtigen Form ausgeführt, so kann man das einteilige Modell mit festen Augen stehend einformen. Der Grat, der durch die Teilung der Form

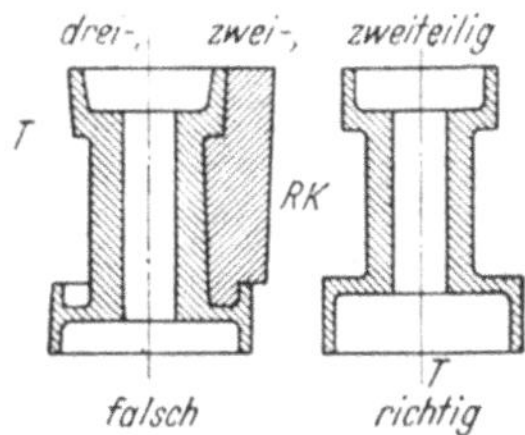

Abb. 50. Riemenscheibe.

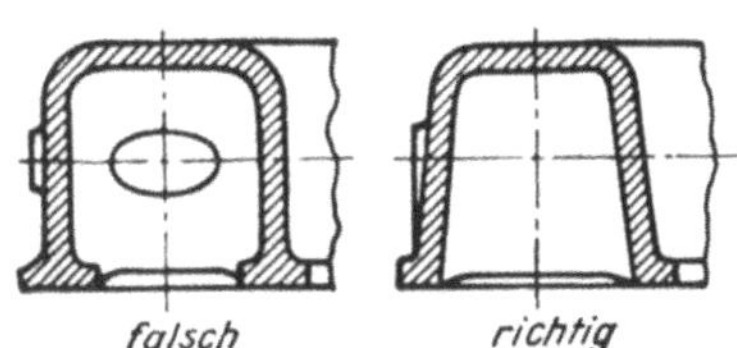

Abb. 51. Grundplatte.

entsteht, fällt in die Auflagerfläche des Lagers, die spanabhebend bearbeitet wird, so daß es keine besondere Putzarbeit bedingt. Notwendige Teilungen lassen sich vielfach durch Änderung des Gußstückes einschränken. Wird die in Abb. 50 wiedergegebene Riemenscheibe mit Kupplungsnabe nach „falsch" ausgeführt, so ist entweder eine dreiteilige Ausführung des Modelles und der Form notwendig oder es muß bei der zweiteiligen Ausführung ein Ringkern *RK* verwendet werden, der einen verwickelt gestalteten Kernkasten erfordert. Modell- und Kernkasten-, Einform- und Putzkosten werden billiger, wenn diesem Gußstück die „richtige" Ge-

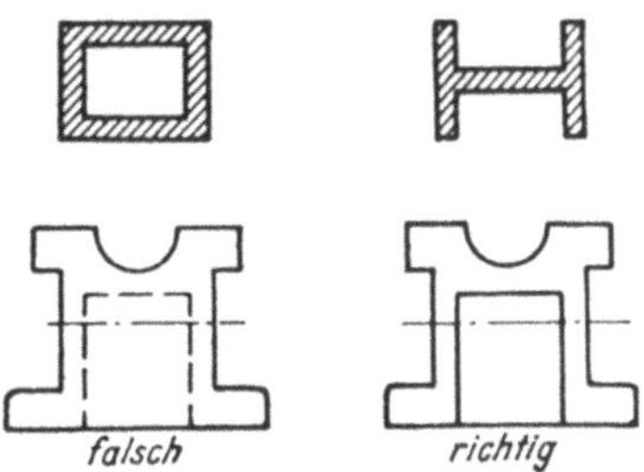

Abb. 52. Lagerblock.

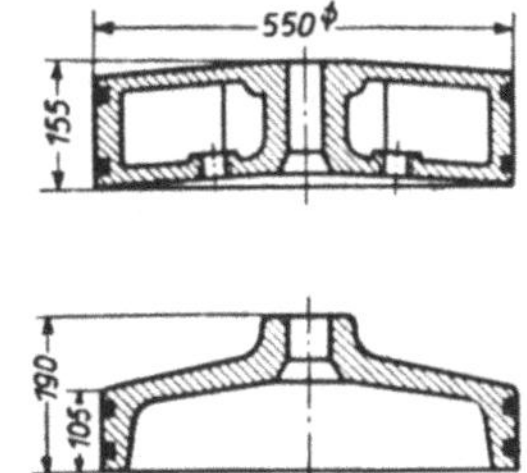

Abb. 53. Kolben.

stalt gegeben wird. Dann kann es liegend eingeformt, der notwendige Kern kann schabloniert werden. Der Grat, der durch die Längsteilung des Modelles in der Ebene seiner Achse entsteht, wird beim Abdrehen des Gußstückes entfernt.

c) *Unterschneidungen* vermeiden! Sie machen Kerne notwendig, erhöhen die Kosten des Modelles, erschweren und verteuern damit die Form- und Putzarbeit. Die Grundplatte nach Abb. 51 kann in der falschen Ausführung, bei der die Wandungen senkrecht und die Rippen mit Aussparungen versehen sind, nur mit Hilfe von Kernen eingeformt werden. Diese Ausführung hat noch den Nachteil, daß sich die aufzusteckende Warze beim Herausziehen des Modelles aus der Form leicht verschiebt. Die senkrechte Wand erschwert außerdem die Entfernung des Modelles aus der Form. Die richtige Ausführung schaltet sämtliche Fehler aus.

d) *Kerne* vermeiden, da sie die Herstellung des Modelles, der Form sowie das Putzen verteuern. Der Lagerbock nach Abb. 52 „falsch" kann nur mit Hilfe eines

Kernes eingeformt werden. Wird er „richtig" ausgeführt, so entfällt jede Kernarbeit. Das gleiche gilt auch für die Kolben nach Abb. 53.

e) Der modell- und einformgerechte Entwurf verlangt weiter die Vermeidung von *Ansteckteilen*. Sie verteuern das Modell und das Einformen, erhöhen die Ausschußgefahr durch Versetzen oder Verlorengehen. Daß durch geringfügige Änderungen Ansteckteile nicht mehr notwendig sind, wurde schon in den Abb. 49 u. 51 gezeigt. Meist sind es Augen und Rippen, die lose Teile bedingen. Augen sind nach Abb. 54 „richtig" zu gestalten, Versteifungsrippen der Modellteilung anzupassen. Sie müssen nicht unbedingt in der Mitte liegen, sondern können ohne Benachteiligung der Festigkeit und der Starrheit des Gußstückes auf $^1/_3$ oder $^2/_3$ der Breite verlegt werden.

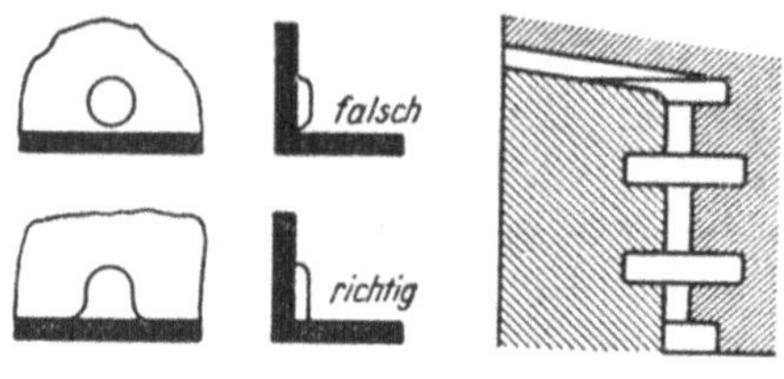

Abb. 54. Augen. Abb. 55.

52. Weitere Maßnahmen zur formgerechten Gestaltung. a) *Modell oder Schablone.* Die Schablone ist wesentlich billiger als das Modell. Meist ist jedoch beim Schablonieren der Formlohn höher. In diesen Fällen ist die Schablonenformerei nur bis zu einer bestimmten Stückzahl x wirtschaftlicher als das Modellformen. x errechnet sich aus der folgenden Gleichung: Modellkosten a_1 + Lohnaufwand bei Modellformung $b_1 x$ = Schablonenkosten a_2 + Lohnaufwand bei Schablonenformung $b_2 x$. Daraus ist $x = (a_1 - a_2)/(b_2 - b_1)$. Ab dieser Stückzahl wird der Vorteil der niedrigen Kosten der Schablone durch die höheren Formerlöhne aufgehoben. Werden z. B. Speichen- in Scheibenräder umgewandelt, so kann deren Form mit Schablonen und damit bei kleineren Stückzahlen als x billiger hergestellt

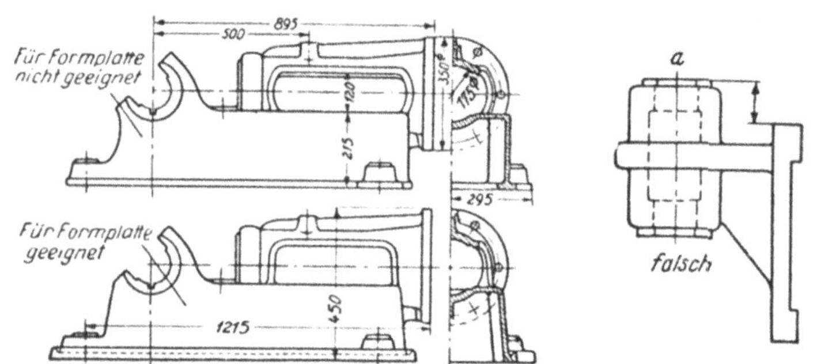

Abb. 56. Rahmen eines Kompressors.

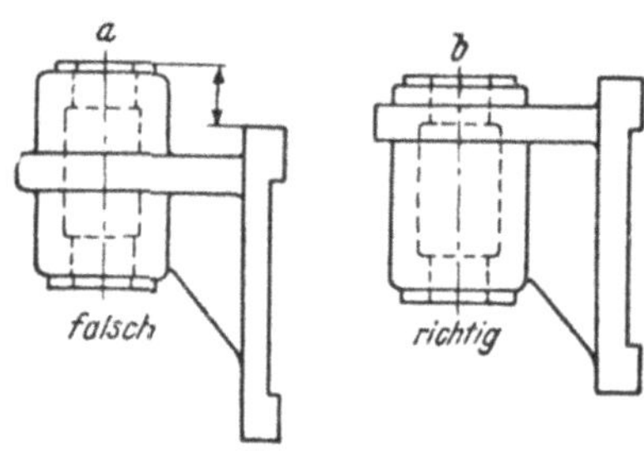

Abb. 57. Sägebock.

werden. Hat ein Gußstück am Umfange mehrere Einschürungen (Abb. 55), so ist auch bei Verwendung der Schablone der Formerlohn niedriger, weil bei Modellformung die Vorsprünge des Modells entweder abnehmbar sein müssen oder eine weitgehende Unterteilung der Form, zweiteilige Fläche, dreiteiliger Kasten oder die Anwendung von Kernen in Frage kommt. Die Frage Modell oder Schablone ist also in jedem einzelnen Falle nachzuprüfen.

b) Anpassung der Gestalt des Gußstückes an das *Formverfahren.* Dies ist nur beim Sandguß notwendig und bei diesem auch nur dann, wenn das Gußstück in solchen Stückzahlen herzustellen ist, daß die gewöhnlichen Einrichtungen der Formerei und nicht Sonderformmaschinen in Frage kommen. In diesem Falle ist die Gestalt des Gußstückes dem Herstellungsverfahren (Hand- oder Maschinenformung) anzupassen. Abb. 56 ist ein Beispiel dafür, wie durch eine geringfügige

Änderung der Form des Gußstückes seine Herstellung mit Hilfe von *Formmaschinen* ermöglicht wird.

c) Rücksichtnahme auf die notwendige *Formkastengröße*, zum Zwecke der Ersparnis von Formstoff und Formlohn. Um beide einzuschränken, muß sich der Entwerfer beim Gestalten des Gußstückes auch fragen: „Welchen Einfluß hat die Gestalt des Gußstückes auf die *Formkastengröße*?“ Um diese einzuschränken, ist das Gußstück vor allem möglichst regelmäßig auszubilden. Bei kleinen Gußstücken, von denen mehrere in einen Formkasten eingeformt werden können, ist dies weniger

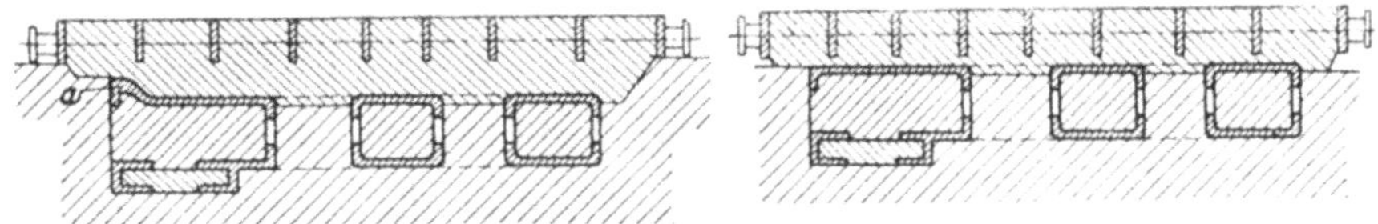

Abb. 58. Hobelmaschinenständer.

wichtig als bei mittleren und größeren Gußstücken. Abb. 57 zeigt, wie durch Änderung der Gestalt die Verwendung eines kleineren Formkastens möglich wird. Auch der Ständer nach Abb. 58 wird, wenn der Ansatz *a* wegfällt, weniger Formstoff und Formlohn erfordern und zugleich das Modell verbilligen. Manchmal ergibt die Teilung des Gußstückes eine günstigere Gestalt. Wird bei dem Pumpenkörper Abb. 59 das Lager *a—b* vom Hauptkörper getrennt, so wird das Modell und das Einformen billiger, die Störung der festen Schwindung geringer und die spanabhebende Bearbeitung erleichtert. Auch der

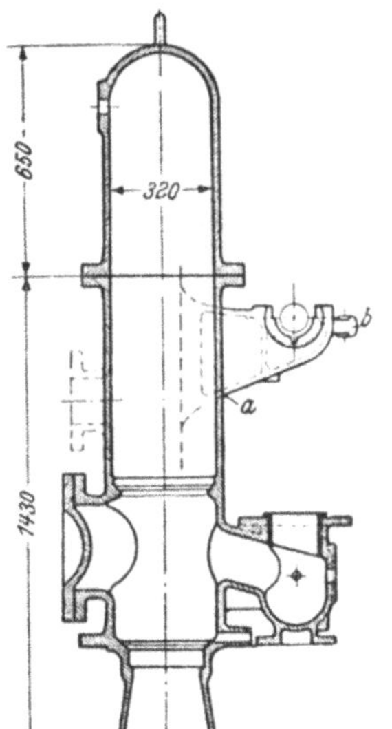

Abb. 59. Pumpenkörper.

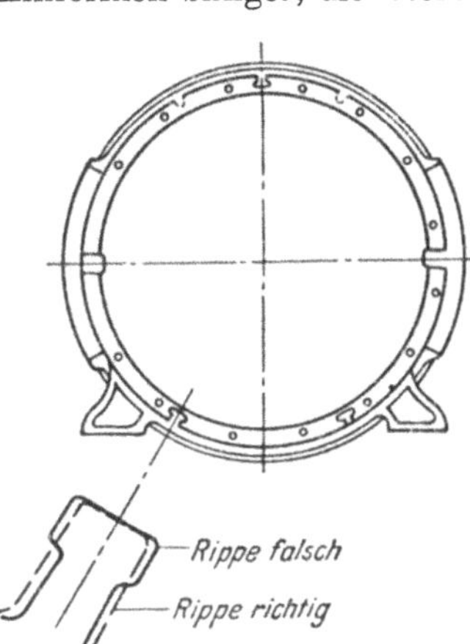

Abb. 60. Innenwandrippen.

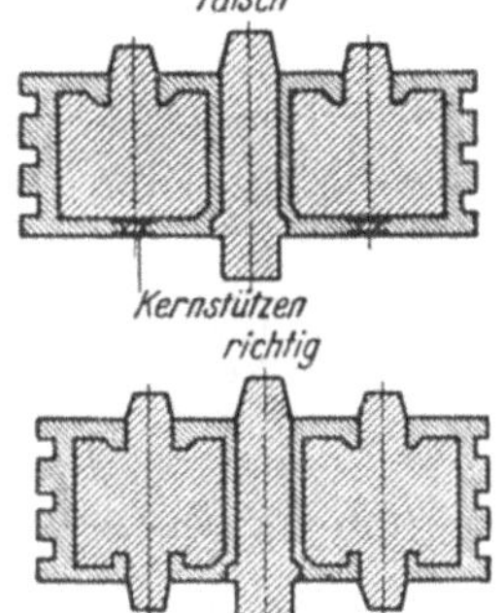

Abb. 61. Dampfmaschinenkolben.

Preßzylinder Abb. 21 läßt sich weitaus billiger herstellen, wenn er nach der Linie *1—1* geteilt wird. Ein Bauwerk ist allerdings steifer, wenn es aus einem Stück hergestellt ist, doch läßt sich die Federung bei richtiger Teilung und Verwendung breiter Auflageflächen auf ein Mindestmaß einschränken; die Teilung braucht also vom Standpunkte der Starrheit kein Nachteil zu sein.

d) Einwandfreie Gestaltung der *Hohlräume*. Sie müssen so gestaltet werden, daß die zu ihrer Herstellung notwendigen Kerne leicht und einwandfrei, d. h. mit der richtigen Festigkeit und Gasdurchlässigkeit herzustellen und sicher und ohne Schwierigkeiten in die Form einzulegen sind. Daß diese Bedingungen durch geringfügige Änderungen der Gestalt des Gußstückes erfüllt werden können, zeigen die Abb. 48 und die nachstehenden Beispiele. Werden die Rippen an der Innenwandung eines Gußstückes (Abb. 60) statt in der T-Form in der gestrichelt angedeuteten Art ausgeführt, so wird die Kernarbeit wesentlich erleichtert. Die sichere Lagerung der Kerne kann nur durch Kernmarken erzielt werden. Kernstützen sind, soweit es geht, zu vermeiden, zumal in Druckgefäßen, da sie bei nicht vollkommener Einschweißung undichte Stellen bilden. Bei den technischen Eisensorten führen sie, falls verrostet, zu Reaktionsgasblasen. In Abb. 61 sind bei „falsch“ Kernstützen zur Einstellung des Kernes notwendig, bei „richtig“ dagegen nicht. Allseitig eingeschlossene Kerne können nur dann ohne Stützen gelagert werden, wenn

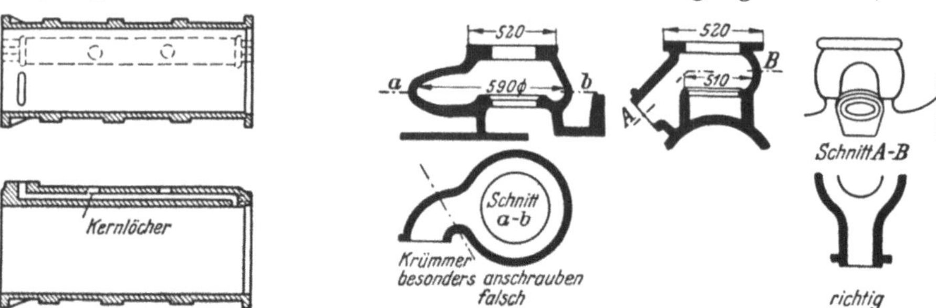

Abb. 62. Dampfzylinder.

Abb. 63. Dampfeintrittsstutzen.

in den Wandungen des Gußstückes Öffnungen zugelassen werden, die als Kernmarken dienen. Sie werden nach dem Abguß durch Verschraubung, Verschweißung usw. geschlossen. Ihr Querschnitt darf nicht zu klein sein; sie dürfen außerdem nicht in der Nähe der Anschnitte angeordnet werden. Diese Löcher ermöglichen auch die Abfuhr der Kerngase (Abb. 62).

Das Zusammentreffen *mehrerer Kerne* ist möglichst zu vermeiden, denn sie sind schwieriger zu lagern und verursachen schwer zu entfernende Grate. Die Lage der eingegossenen Löcher des Gußstückes ist so zu wählen, daß die Kerne leicht und gut einlegbar sind.

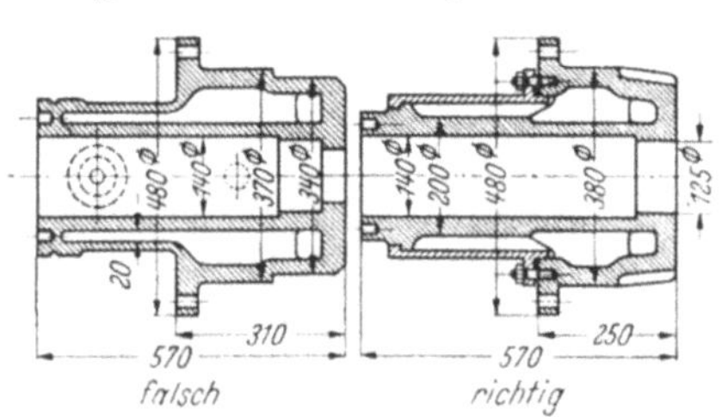

Abb. 64. Zylinderdeckel mit Stopfbüchse für eine Ammoniakkältemaschine.

Hat der Kern größere Ausmaße als die Öffnung des Gußstückes, so ergeben sich ebenfalls Schwierigkeiten. Wird der Dampfeinströmstutzen nach Abb. 63 „falsch“ entworfen, so muß die Form nach *a*—*b* geteilt werden, weil der Kern 590 mm, die Öffnung jedoch nur 520 mm mißt. Bei Ausführung nach Abb. 63 „richtig“ entfällt diese Schwierigkeit. Der Fortfall des angegossenen Krümmers vereinfacht die anderen Formarbeiten wesentlich.

In manchen Fällen ist die Kernarbeit nur durch *Teilung des Gußstückes* zu erleichtern. Abb. 64 ist ein Beispiel dafür. Die ungeteilte Ausführung gibt nicht nur durch die Schwierigkeit der Kernarbeit, sondern auch durch die ungünstigen Abkühlungsverhältnisse und die schlechte Abführung der Formluft Ausschuß. Durch die Teilung sind alle Schwierigkeiten zu vermeiden.

Sind *Ansteckteile* unvermeidlich, so muß das Gußstück so gestaltet werden, daß sie durch Einziehen in die Form aus dieser entfernt werden können. Zu diesem Zwecke muß ihre Tiefe kleiner sein als die lichte Weite der Form. Sie müssen zur leichten Herausnahme stark abgeschrägt werden.

f) Leichtes *Ausheben* des Modells und des Gußstückes aus der Form sowie des Kernes aus dem Kernkasten oder dem Kokillen- oder Spritzgußstück. Die Gefahr, daß die Form in ihren Maßen verändert und an einzelnen Stellen verletzt wird, ist um so größer, je schwieriger das Modell herauszuheben ist. Auch die Kerne und die Kokillen- und Druckgußstücke sind bei ihrer Herausnahme aus dem Kernkasten oder der Kokille gefährdet. Weiter müssen die Kerne des Kokillen- und des Druckgusses rasch entfernbar sein, damit sie das Schwinden des Gußstückes nicht stören. Die leichte Herausnahme der Kerne, Modelle und Gußstücke wird durch entsprechende Schrägen der Aushebeflächen ermöglicht. Sie richten sich nach der Gußsorte. Bei Grau- und Stahlguß sollen sie bei Flächen je nach ihrer Tiefe 2···5% (1:50 bis 1:20), bei ansteckbaren Augen bis 20%, bei Aluminiumsandguß für Seitenflächen mindestens 2%, bei Bohrungen 10%, bei Zylinderrippen 5%, bei Aluminium-Kokillenguß über 20 mm Höhe mindestens 0,2 mm, bei Bohrungen bis 30 mm Tiefe 0,15 mm, über 30 mm 0,2 mm betragen. Die Aushebeschrägen für die Wände und Kerne des Druckgusses sind der Tab. 8 zu entnehmen. Für den Kokillenguß aller Metallarten gelten ähnliche Werte. Für Maschinenrahmen ist zur Einhaltung der Regel die in Abb. 65, für T-förmige Querschnitte die in Abb. 66 richtig wiedergegebene Form zu empfehlen. Versteifungsrippen sind mit schrägen Seitenflächen (Abb. 67) auszuführen. Die Entfernung des Modelles oder des Gußstückes aus der Form wird außerdem durch Abrundungen seiner Sandkanten, durch parabel-, oder nicht kreisförmige Ausführung der Anschlüsse der Augen, Wandecken und Fußplatten und den Fortfall von ansteckbaren Teilen erleichtert.

Abb. 65. Maschinenrahmen.

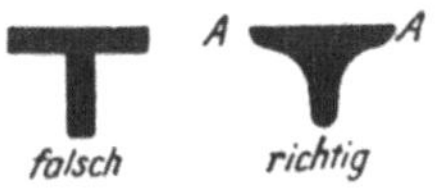

Abb. 66. T-Querschnitte.

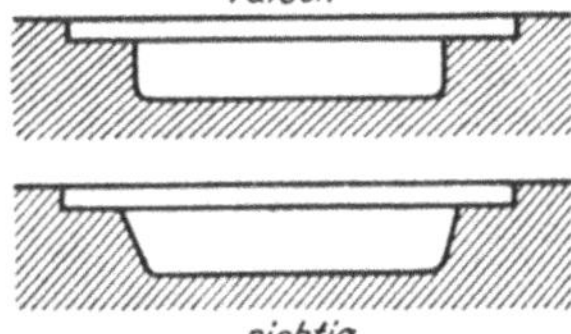

Abb. 67. Versteifungsrippen.

g) Verwickelte Gußstücke sind in den Zeichnungen durch eine genügende Anzahl von Schnitten darzustellen, damit der Former den Aufbau der Form und den Einbau der Kerne klar erkennen kann.

53. Maßnahmen der Gießerei. Die Gießerei hat die Modelle, Schablonen, Kernkästen und Formen einwandfrei fertigzustellen und das Putzen der Gußstücke wirtschaftlich durchzuführen. Die Vorkehrungen der Gießerei beim Sand- und Masseguß zur Einschränkung des Ausschusses, der durch fehlerhafte Ausführung der Modelle und Kernkästen, sowie durch Fehler beim Formen verursacht wird, sind in den „Falsch" und „Richtig" DATSCH-Lehrtafeln Gm, Gk, Gf 2 und Gf 3 beschrieben. Im einzelnen ist darüber noch folgendes zu sagen.

a) *Modelle, Schablonen* und *Kernkästen* werden sowohl für den Sand- und Masseguß als auch für den Kokillenguß benötigt. Bei den letzteren werden sie zur Herstellung der Graugußkokille und der Sandkerne gebraucht. Das Modell muß aus dem richtigen Werkstoff unter bester Ausnützung desselben in der entsprechenden Ausführung hergestellt sein. Der Werkstoff und die Ausführung des Modelles richten sich nach der Gußstückzahl. Modelle für große Stückzahlen kleiner Gußstücke werden als Modellplatten hergestellt, die entweder aus metallischen Werkstoffen, hauptsächlich aus Gußeisen, seltener aus Metallegierungen wie Zink-, Aluminium-, Aluminium-Zink-Legierungen oder Kunstmassen wie Steinmassen, Gips und anderen bestehen. In allen anderen Fällen wird das Modell aus Holz angefertigt. Die Holzmodelle werden in drei Güteklassen hergestellt. Große Modelle, die nur einmal verwendet werden, werden mitunter als Skelettmodelle ausgeführt. DIN 1511 Blatt 2 gibt die Richtlinien für die Werkstoffe, Schwindmaße und Bearbeitungszugaben der Holzmodelle wieder. Das Modell wird mit einem Schutzlackanstrich bestimmter Farbe versehen, die sich nach der Gußart richtet. Die Vorschriften für seinen Anstrich und seine sonstige Beschriftung sind in DIN 1511 Blatt 1 festgelegt. Die sonstige Beschriftung hat den Zweck, daß der Former erkennt, ob das Modell vollständig ist, und daß er auf die besonderen Maßnahmen aufmerksam gemacht wird, die beim Einformen des Gußstückes zu treffen sind. Das Modell muß in Ordnung sein, seine Dübel müssen gut passen. Die Dübellöcher dürfen nicht zu seicht und zu eng sein. Die Schwalbenschwanzführungen der losen Modellteile müssen gut verjüngt hergestellt sein, damit beim Herausnehmen des Modells die Führung nicht klemmt und die Form nicht beschädigt wird. Sind an einer Modellseite mehrere lose Teile vorhanden, so sind sie auf einer gemeinsamen Führung zu befestigen, denn nur so ist eine Maßhaltigkeit dieser Teile zueinander zu erreichen. Um eine Beschädigung des Modells beim Losschlagen zu verhindern, muß es mit Losschlag- und Aushebeeisen ausgestattet sein. Damit es nicht unregelmäßig schwindet, muß es aus mehreren Teilen zusammengebaut sein, deren Maserung nicht gleichartig verläuft. Kernmarken dürfen nicht stumpf angenagelt werden, da sie sich sonst beim Aufstampfen lösen oder schief stellen. Sie müssen entweder in einem Stück in dem Modell eingelassen oder mit angedrehten auswechselbaren Zapfen eingeschraubt sein. Die Kernkästen, deren Wände durch Schrauben zusammengehalten werden, die in das Hirnholz eines Teiles der Wände gehen, werden beim Stampfen des Kernes auseinandergedrückt, die Schrauben sind daher durch eine Keilverbindung zu ersetzen.

b) *Kasten- und Herdgußformen.* Neben dem Modell müssen auch die Formkästen in Ordnung sein. Die Kastenstifte und Kastenführungen müssen ebenso wie die Modelldübel genau passen, soll das Gußstück nicht versetzt ausfallen. Der verwendete Formstoff muß entsprechend feuerfest, fest und gasdurchlässig sein, er muß die richtige Beschaffenheit — Korngröße, Tonerde und Wassergehalt — aufweisen, d. h. er muß sorgfältig aufbereitet sein. Die Prüfung des Formsandes ist in der DIN 52401 festgelegt. Bei Grauguß wird dem Formsand Kohlenpulver beigemengt. Es muß dies im richtigen Verhältnisse geschehen. Ferner muß die dafür verwandte Kohle einen bestimmten Gasgehalt haben. Zu wenig Kohle hat angebrannten Guß, zuviel blasigen Guß zur Folge. Bei magnesiumhaltigem Aluminiumguß wird dem Formsande Borsäure, bei Magnesiumguß 10% Schwefel und 1% Borsäure zugegeben. Beide Mittel verhindern eine Oxydation des metallischen Werkstoffes durch den Wasserdampf der Form und ermöglichen ein grünes Abgießen. Beim Einstampfen des Modells darf weder zu fest noch zu leicht gestampft werden. Beide Fehler haben leicht Ausschuß zur Folge: Zu festes Stampfen vermindert die Gasdurchlässigkeit der Form und führt zu blasigem Guß, das zu lockere Stampfen bedingt unter Umständen ein Loslösen des Formstoffes beim Gießen und eine Aufweitung der Form durch den Druck der Schmelze, so daß dadurch Ausschuß entstehen kann. Beim Einformen ist weiter auf die genügende und richtige Anordnung der Anschnitte, verlorenen Köpfe, Steiger und Windpfeifen zu achten. Damit der Einguß (Abb. 68), der aus dem Eingußtrichter E, dem Schlackenlauf S und den Anschnitten A besteht, während des Gießens vollgehalten werden kann, muß das Verhältnis der Querschnitte dieser drei Teile 4:3:2 sein. Über die Größe und Ausführung der Eingüsse, Schlackenläufe und Anschnitte unterrichten die DATSCH-Lehrtafeln „Ga 1 und Ga 2". Der Einguß muß, soll der Schlackenlauf wirksam sein, zwischen den Anschnitten oder außerhalb derselben angeordnet sein. Abb. 68 gibt verschiedene Ausführungen des Eingusses für kleine und mittlere Gußstücke sowie verschiedene Arten der Ausführung der Schlackenläufe und Anschnitte wieder. Bei den zähflüssigen Magnesiumlegierungen wird der Einguß kammartig ausgeführt. Bei Aluminiumguß sind die Anschnitte nicht wie bei den andern Gußsorten dreikantig, trapezförmig oder rund, sondern flachzungenartig. Der Einguß und die Anschnitte sind bei allen Gußsorten so anzuordnen, daß die Füllung der Form den Eigenschaften des Werkstoffes angepaßt ist. Bei Leichtmetallegierungen und anderen Werkstoffen, die leicht oxydieren, muß die Form ohne Wirbelung des Metalles gefüllt werden. Die Anschnitte müssen genügend groß gehalten werden, damit die für die Herstellung des Gußstückes notwendige Gießgeschwindigkeit erzielt werden kann. Sie sind so anzuordnen, daß die Form in allen Teilen gleichmäßig und rasch angefüllt wird. Bei den zähflüssigen Magnesiumlegierungen sowie allen anderen zähflüssigen Gußwerkstoffen wird der Zulauf um das Gußstück geführt und mit diesem durch zahlreiche Anschnitte verbunden. Diese werden im allgemeinen an jene Stellen angeschlossen, die infolge ihrer Wandstärke zuerst erstarren. Sie erhalten dadurch bis zum Schlusse das heiße Schmelzgut, so daß ein gewisser Ausgleich in den Erstarrungsverhältnissen mit den dickwandigen Teilen herbeigeführt wird. Nach dem Formen ist entsprechend Luft zu stechen. Auf die Luftabfuhr der Kerne ist besonders zu achten, wenn Ausschuß durch Blasenbildung vermieden werden soll. Die Kerne müssen so entlüftet werden, daß kein Schmelzgut in sie eindringen kann. Der Luftkanal der Kerne soll entsprechend weit sein und durch die ganze Länge hindurchgehen. Der Kern muß durch Kerneisen zweckentsprechend versteift werden, damit er die notwendige Festigkeit besitzt. Es müssen die Kerneisen in den Kernen gleichmäßig verteilt werden. Beim Einsetzen der Kerne ist darauf zu achten, daß nicht Sand in die Kernlagerführung gestreift wird. Geschieht dies, so steht der Kern schief, was Ausschuß zur Folge haben kann. Kommen Kernstützen in Anwendung, so muß richtig abgestützt werden, damit der Kern nicht aufgehoben wird, wodurch ungleichmäßige Wandstärken entstehen. Beim Zusammensetzen der Form ist darauf zu achten, daß Ober- und Unterkasten nicht versetzt sind. Der Oberkasten ist, falls sein Gewicht nicht genügt, mit dem Unterkasten zu verankern oder zu beschweren, damit er beim Abguß nicht abgehoben wird.

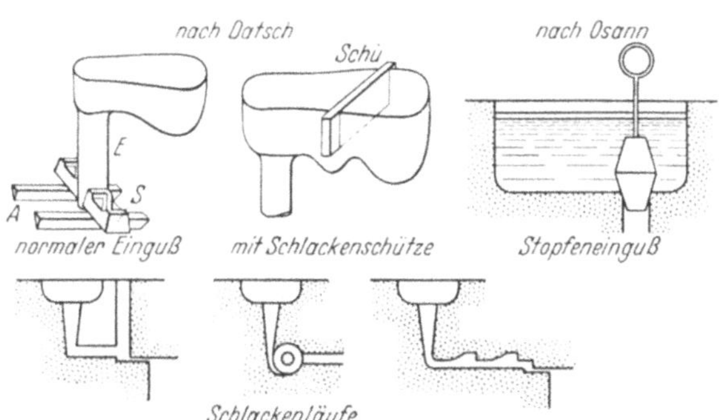

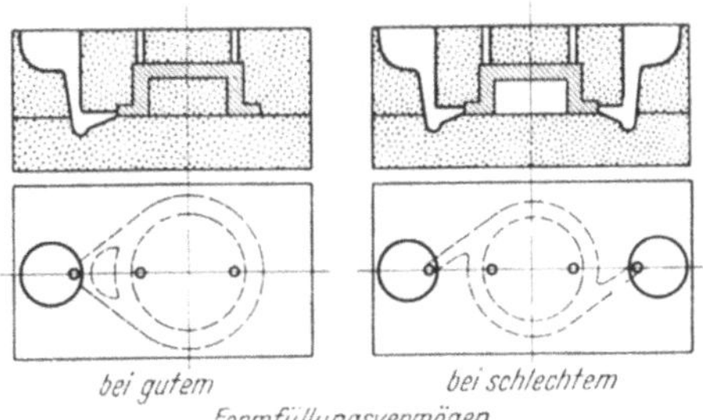

Abb. 68. Eingußtechnik.

c) Für *Kokillenguß* gilt bezüglich der Modelle und Kernkästen dasselbe wie für den Sandguß. Die Kokillen haben die zwei- bis sechsfache Wandstärke des Gußstückes und werden aus einem guten, dichten, möglichst schwefel- und phosphorfreien unlegierten oder legierten Gußeisen hergestellt, das Temperaturwechsel gut ertragen muß. Der Formhohlraum muß eine möglichst glatte Oberfläche erhalten, damit er nicht mehr nachgearbeitet zu werden braucht, da die unverletzte Gußhaut die Kokille vor dem Angriff des Schmelzgutes schützt. Die Kokillenhälften müssen bearbeitet sein, damit sie sehr genau zusammenpassen. Die Windpfeifen sind in der Regel in der Teilungsebene der Kokille angeordnet. Die Ausführungen über Einguß und Anschnitt des Sandgusses gelten sinngemäß auch für Kokillenguß. Kokillengußstücke werden im allgemeinen steigend gegossen. Die Kokille wird auf eine von der Wandstärke des Gußstückes und dem Formfüllungsvermögen des Werkstoffes abhängende Temperatur erwärmt. Sie wird zur Sicherung des guten Auslaufens des Gußstückes mit einem verschieden starken Kokillenanstrich versehen. Kerne werden entweder aus Sand, aus C-Stahl mit 0,4% C oder aus warmfestem Stahl hergestellt. Damit die Stahlkerne nach dem Erstarren des Gußstückes leicht herausgezogen werden können, müssen sie einen Anzug von mindestens 1,5% haben. Außerdem werden sie vor dem Einsetzen mit einer Graphitschlichte überzogen. Die Kernkästen für die Sandkerne werden zum Zwecke ihrer gleichbleibenden Genauigkeit aus Stahl hergestellt.

d) Die *Druckgußformen* werden hergestellt bei Blei-, Zink- und Zinnlegierungen aus unlegiertem Werkzeugstahl, bei Zinklegierungen auch noch aus niedrig legiertem Chrom- oder Chrom-Vanadium-Stahl, für Aluminium- und Magnesiumspritzguß aus Chrom-Vanadium-, Chrom-Molybdän-Vanadium- (C = 0,45, Cr = 1,5, Mo = 0,7, V = 0,3%) und Chrom-Wolfram-Stahl (C = 0,35, Cr = 2,5, W = 5%) und für Kupferlegierungen aus Chrom-Molybdän-Vanadium- (wie früher) und Chrom-Wolfram-Vanadium-Stahl (C = 0,3, Cr = 2,3, W = 8,5, V = 0,5%), dem man auch noch Kobalt (2%) hinzulegieren kann. Noch haltbarer ist der Chrom-Wolfram-Kobalt-Molybdänstahl (C = 0,3, Cr = 1,5, W = 5,2, V = 0,1, Co = 4,8, Mo = 0,6) und der Chrom-Vanadin-Molybdänstahl (C = 0,1, Cr = 3,0 V -- 0,5, Mo = 2,7). Die Form wird mit spanabhebenden Werkzeugen aus dem geschmiedeten Block herausgearbeitet. Die Oberfläche der Form muß glatt sein. Auch beim Druckguß muß die Luft gut abgeführt werden. Die Windpfeifen werden in die Teilungsebene gelegt. Der Erfolg des Gusses hängt auch hier von den richtigen Querschnitten und der richtigen Anordnung des Eingusses ab. Bezüglich der Kerne gilt das gleiche wie beim Kokillenguß. Die zulässigen Ausmaße und die Verjüngung der Kerne siehe Tab. 8.

e) Das *Putzen* des Gußstückes ist mit Sorgfalt durchzuführen. Es umfaßt das Entfernen der Eingüsse, Steiger, verlorenen Köpfe, Windpfeifen, Grate und des möglicherweise an einzelnen Stellen festgebrannten Formstoffes. Bei Grau-, Temper-, Stahl- und Schwermetallguß werden die Eingüsse, Steiger, verlorenen Köpfe und Windpfeifen bei kleinen Querschnitten abgeschlagen, die Bruchstellen werden durch Schleifen oder Feilen geebnet. Bei großen Querschnitten werden sie mit Sägen oder, falls es zweckmäßiger ist, mit anderen spanabhebenden Maschinen abgetrennt. Bei Stahlguß kann man sie auch autogen abschneiden. Bei Leichtmetallguß werden sie ebenso wie die Grate mit Hilfe von schnellaufenden Bandsägen abgeschnitten. Die Grate der Gußstücke der anderen Gußsorten werden mit pneumatischen Meißeln oder durch Schleifen entfernt. Kleine Gußstücke werden zur Erzielung einer sauberen Oberfläche gescheuert. Bei größeren Gußstücken entfernt man den anhaftenden Formstoff durch Abbürsten, Abklopfen, Abstrahlen mit Quarz- (alle Gußsorten), Roheisensand oder Druckwasser (Grau- und Stahlguß). Schwermetallguß, wie Bronze-, Messingguß, wird zur Erzielung einer reinen Oberfläche auch gebeizt. Durch das Sandstrahlen oder Beizen wird die Gußhaut entfernt. Beim Sandstrahlen erhält das Gußstück außerdem eine rauhe Oberfläche. Die Rauheit ergibt sich nach der Korngröße des Blassandes. Die Entfernung der

Gußhaut ist notwendig, wenn das Gußstück emailliert, metallisiert oder mit einem anderen Oberflächenschutz versehen werden soll. Die Gußhaut ist besonders hart bei Stahlguß und erschwert das Bearbeiten mit spanabhebenden Werkzeugen. Stahlgußstücke, die allseitig bearbeitet werden sollen, sind daher ebenfalls von der Gußhaut zu befreien. Falls ihre Entfernung aus den angeführten Gründen nicht notwendig ist, soll sie erhalten bleiben, denn sie bietet einen Korrosionsschutz. Kleine Fehler (Risse, Lunker) der Gußstücke können durch Schmelzschweißen und das SCHOOPsche Metallspritzverfahren ausgebessert werden. Bei Metallguß ist auch das Löten mitunter dazu verwendbar.

B. Fragen der Wärmebehandlung.

54. Die Arten der Wärmebehandlung von Gußstücken. Bei einzelnen der Gußsorten werden die Gußstücke einer Wärmebehandlung unterzogen, die mit Ausnahme des Einsatzhärtens des Stahlgusses sowie des Nitrierens des Stahl- und des Graugusses vor der spanabhebenden Bearbeitung durchgeführt wird. Unlegierter Grauguß wird selten entspannend geglüht; falls er zu hart ausgefallen ist, wird er getempert. Legierter Grauguß wird mitunter nachlaßvergütet oder nitriert. Der Temperguß muß für jeden Fall einer Wärmebehandlung unterzogen werden, da er erst durch die Wärmebehandlung des Temperns oder Glühfrischens zu schwarzem oder weißem Temperguß wird. Der unlegierte und niedrig legierte Stahlguß wird in der Regel normalisierend geglüht. Harter unlegierter und legierter Stahlguß wird auch nachlaßvergütet. In einzelnen Fällen kommt auch das Einsatzhärten, das Nitrieren oder das Härten in Frage. Der Schwermetallguß wird in der Regel nur entspannend geglüht. Gußstücke aus Legierungen, die zu Kristallseigerungen neigen, wie Zinn- und Aluminiumbronze, werden zur Behebung der Seigerungen homogenisierend geglüht. Die Legierungen der Leicht- und Schwermetalle mit unterkühlungsfähiger, teilweiser Zweitkristallisation werden durch Aushärtung vergütet. Bei der Wärmebehandlung der Gußstücke ist auch Ausschuß möglich. Er kann seine Ursache in der Gestalt des Gußstückes oder in der falschen Ausführung der Wärmebehandlung haben.

55. Vorkehrungen beim Entwurf. Ist die Gestalt des Gußstückes so festgelegt, daß sie keine Veranlassung zu Wärmebehandlungsausschuß ergibt, so ist der Entwurf „wärmebehandlungsgerecht“. Bei weißem Temperguß ist das Einhalten möglichst gleicher Wandstärke und die Vermeidung von Werkstoffanhäufungen auch mit Rücksicht auf seine Wärmebehandlung notwendig. Glühfrischen ergibt gleichartiges Gefüge in allen Wandstärken des Gußstückes nur dann, wenn das Glühfrischen so lange durchgeführt wird, bis auch in der stärksten Wand eine vollkommene Entkohlung erreicht ist. Zur Verkürzung der Glühzeiten empfiehlt es sich, an Stelle von quadratischen, rechteckigen oder runden Querschnitten T-, I-, U- oder kreuzförmige Querschnitte zu verwenden. Bei beiden Arten des Tempergusses ist darauf zu achten, daß sich das Gußstück bei der langen Dauer des Temperns oder Glühfrischens nicht verformt.

Stahlgußstücke, die gehärtet oder vergütet werden, sowie Gußstücke aus den vergütbaren Metallegierungen sollen eine solche Gestalt haben, daß die bei diesen Wärmebehandlungen notwendige rasche Abkühlung möglichst gleichmäßig verläuft. Ungleichmäßige Abkühlung verursacht auch bei diesen Wärmebehandlungen eine Störung der festen Schwindung, die zu Verformungen oder zu Rissen führt. Es sind also auch mit Rücksicht auf die Wärmebehandlung alle Vorschriften einzuhalten, die für die Vermeidung der Störung der festen Schwindung durch ungleichmäßige Abkühlung gelten (Abschn. 43 und 49).

56. Ausführung der Wärmebehandlung. Das Gußstück wird im allgemeinen gleichmäßig auf eine bestimmte Temperatur erhitzt, die eine bestimmte Zeit eingehalten werden muß. Eine Überschreitung beider ergibt ungünstiger ausgebildetes Gefüge. Danach wird das Stück mit einer bestimmten Geschwindigkeit abgekühlt. Damit Ausschuß vermieden wird, sind die für jede Wärmebehandlung geltenden Vorschriften auf das genaueste einzuhalten.

Bei Temperguß ist auf das richtige Einpacken zu achten. Schwarzer Temperguß wird in Sandpackung geglüht. Man muß dabei Sorge tragen, daß möglichst wenig Luft in der Packung vorhanden ist, und daß während des Glühens ein Wechsel der Atmosphäre in der Glühkiste verhindert wird. Bei weißem Temperguß ist die Zusammensetzung der oxydischen Packung bzw. der Gasatmosphäre richtig zu wählen. Wirkt sie zu stark oxydierend, so verbrennt der Guß, wirkt sie zu schwach, so bleibt er zu hart. Bei weißem Temperguß müssen auch zur Erzielung kürzester Glühzeiten die Wandstärken der gleichzeitig zu glühenden Gußstücke möglichst gleich sein. Weiter muß jedes einzelne Gußstück von der Packung möglichst gut eingehüllt sein. Auch beim Einsatzhärten von Stahlguß ist das Augenmerk auf einwandfreies Einpacken der Gußstücke zu richten. Beim Härten, Vergüten und Einsatzhärten von Stahlguß sowie beim Vergüten der Leichtmetallegierungen ist das Gußstück zur Vermeidung von Verformungen oder Rissen mindestens mit der kritischen Abkühlungsgeschwindigkeit möglichst gleichmäßig abzukühlen. Beim Vergüten einzelner legierter Stahlgußsorten ist das Abkühlen nach dem Nachlassen so vorzunehmen, daß Nachlaßsprödigkeit vermieden wird.

C. Sicherung der Maßforderungen.

57. Ursachen der Gewichts- und Maßabweichungen. Trotz aller Sorgfalt beim Entwerfen und in der Gießerei ist es nicht zu vermeiden, daß die Gußstücke Abweichungen gegenüber den in der Zeichnung festgelegten Maßen oder Gewichten aufweisen. Sie sind bei Spritzguß und Preßguß am kleinsten, dann folgt Kokillen- und Schleuderguß, Sand- und Masseguß stehen diesbezüglich an letzter Stelle. Die Abweichungen richten sich bei allen Gußarten nach der Genauigkeit der Ausführung der Form und der Störung der festen Schwindung, deren Stärke von der Gestalt des Gußstückes, den veränderlichen Gußbedingungen, dem Zeitpunkt des Ausstoßens des Gußstückes oder des Ausleerens der Form abhängt. Bei dem Sand- und Masseguß ist die Genauigkeit der Form bedingt durch die maßhaltige Ausführung der Modelle und Kernkästen, ihren Zustand beim Gebrauch, das Formverfahren (Hand- oder Maschinenformung, Holz- oder Metallmodell, Modell oder Schablone) und die Formarbeit (Verdichtungsgrad der Form, Herausheben des Modelles, Einsetzen der Kerne, Aufeinanderpressen der Formkästen).

58. Zulässige Gewichts- oder Maßabweichungen, Bearbeitungszugaben. Die zulässigen Gewichtsabweichungen des Graugusses sind in dem Abschnitt 12 angeführt. Die zulässigen Maßabweichungen des Graugusses für den Großmaschinenbau sind in der Tab. 15, die des Aluminiumgusses sind im Abschn. 23, jene des Druckgusses sind in Tab. 8 wiedergegeben. Es ist unmöglich, für alle Gußstücke einen bestimmten Hundertsatz für die Gewichts- oder Maßabweichungen festzulegen. Zur Vermeidung von Beanstandungen ist es daher notwendig, daß vor der Ausführung eines Gußauftrages ein Einverständnis zwischen Besteller und Gießerei erzielt wird.

Nach der Art der Bearbeitung des Gusses sind drei Sorten zu unterscheiden: 1. Rohguß, 2. Vorrichtungsfertiger Guß, 3. Anschlagfertiger Guß.

Beim *Rohguß* muß sich das fertige Gußstück maßgerecht herausarbeiten lassen. Damit dies möglich ist, müssen Bearbeitungszugaben vorgesehen werden, deren

Tabelle 15. *Werkstattgerechtes Konstruieren. D 2a u. b.*
Maßabweichungen der Gußstücke (T. W. L. 19067).

Abweichungen und Abstände bei Gußstücken im Großmaschinenbau		Bei Gußstücken bis 500 mm	bis 2000 mm	über 2000 mm
	Wandstärke *a*	+6% −2%	+8% −3%	+10% − 3%
	Außenmaße *b* Mittelentfernungen *c*	+2% −1%	+1% −0,5%	+0,5% −0,2%
	Zu bearbeitende Vorsprünge *d*	≧ 5 mm	≧ 15 mm	≧ 25 mm
	Aneinander vorbeigehende Teile, von denen ein Teil roh und ein Teil bearbeitet ist *f*	≧ 10 mm	≧ 15 mm	≧ 25 mm
	Aneinander vorbeigehendeTeile, wenn beide Teile roh sind *g*	≧ 10 mm	≧ 20 mm	≧ 35 mm

Größe der Modellhersteller für den Guß in keramischen Formen, falls keine besonderen Vereinbarungen darüber vorliegen, nach den folgenden, in DIN 1511 Blatt 2 festgelegten Richtlinien bestimmt.

Bei Kokillenguß genügen 0,5···0,75 mm als Bearbeitungszugaben. Der Besteller soll sich auch bezüglich der Bearbeitungszugaben mit der Gießerei verständigen. Er hat die zu bearbeitenden Flächen in den Zeichnungen nach DIN 140 Blatt 1 bis 6 anzugeben.

Tabelle 16. *Richtlinien für die Bearbeitungszugaben.*

	Zugaben für Flächen die geschliffen oder mit der Räumnadel bearbeitet werden	Zugaben für Flächen, die durch Drehen, Hobeln, Fräsen usw. bearbeitet werden: Gußstücke bis etwa 800 mm größte Abmessg.	Gußstücke über 800 mm größte Abmessung
Grauguß	0,3···1 mm	2···5 mm	6···20 mm
Temperguß	0,3···1 mm	2···3 mm	—
Stahlguß	—	3···8 mm	8···30 mm
Leicht- und Schwermetallguß	0,3 mm	2···3 mm	4···10 mm

Der *vorrichtungsfertige Guß* muß ohne vorheriges Anreißen in die Vorrichtungen der Werkzeugmaschine passen und muß bei der Bearbeitung ein maßhaltiges Werkstück ergeben. Zur Erfüllung der ersten Bedingung sieht der Entwerfer bestimmte „Anschlagpunkte oder Aufnahmeflächen“ vor, die unverrückbar festliegen müssen. Sie sind vielfach konstruktiv, gieß- und bearbeitungstechnisch bedingt, so daß es zweckmäßig ist, wenn sie durch den Entwerfer, Gießer und Bearbeitungsfachmann einvernehmlich festgelegt werden.

Von dem *anschlagfertigen Guß* wird verlangt, daß er ohne jede Bearbeitung eingebaut werden kann. Zu diesem Zweck müssen auch bei ihm bestimmte „Aufnahmeflächen“ festliegen. Auch in diesem Falle werden durch die Zusammenarbeit von Entwerfer und Gießerei Beanstandungen vermieden.

59. Der maßgerechte Entwurf bedingt, wie Tab. 17 zeigt, die gleichen Anforderungen wie der gieß-, einform- und wärmebehandlungsgerechte Entwurf. Zur

Maßhältigkeit des Gußstückes muß das Modell mit dem Ist- und nicht mit dem Sollschwindmaß hergestellt werden. Nur die Gießerei kann an Hand ihrer Erfahrungen das Ist-Schwindmaß beurteilen. Es soll daher die Anfertigung des Modelles der Gießerei übertragen werden.

Der Entwerfer muß die Maßabweichungen besonders bei Gußstücken, die mit anderen Werkstücken zusammenzufügen sind, berücksichtigen. Damit ihr Zusammenbau leicht möglich ist, ist zwischen Loch und zugehöriger Nabe oder zugehöriger Schraube ein genügendes Spiel vorzusehen. Bei roh bleibenden Löchern ist das Mindestmaß anzugeben. Die Augen für die Bohrungen sind so groß zu halten, daß auch bei außermittigem Loch eine genügende Auflage verbleibt. Formkastenversetzungen der Gußstücke kann der Entwerfer dadurch unschädlich machen, daß er die Teilung der Form in eine Ebene des Gußstückes verlegt (Abb. 69).

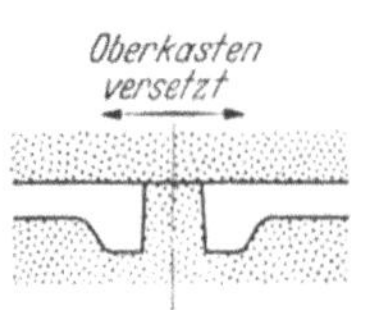

Abb. 69. Formteilung.

60. Die Maßnahmen der Gießerei für die maßgerechte Ausführung des Gußstückes stimmen mit jenen überein, die das Gußstück vor Gieß-, Form- und Wärmebehandlungsfehlern sichern. Zur Vermeidung von Maßabweichungen hat der Former besonders darauf zu achten, daß das richtig und sorgfältig ausgeführte Modell nicht quillt oder eintrocknet, daß die Form genügend fest ist, damit sie durch den Druck der Schmelze nicht ausgebaucht und die einströmende Schmelze nicht ausgeschwemmt wird, daß die Form beim Herausnehmen des Modelles nicht aufgeweitet wird, daß bei dem Zusammenbau der Form Kern- und Formkastenversetzungen nicht vorkommen. Er hat weiter durch die im Abschn. 49 angeführten Maßnahmen dafür zu sorgen, daß die feste Schwindung ungestört verlaufen kann.

D. Berücksichtigung der nachfolgenden Prüfung und Bearbeitung der Gußstücke.

61. Prüfgerechter Entwurf. Gußstücke mit bestimmten Festigkeitseigenschaften oder mit bestimmten Betriebsdrücken müssen geprüft werden. Die Zugfestigkeit von Grau- und Stahlguß wird, soweit möglich, an angegossenen Proben ermittelt. Der Entwerfer hat sich wegen der Lage der Probestäbe mit der Gießerei zu verständigen und diese in die Zeichnung einzutragen. Sie muß so gewählt werden, daß die Erstarrungsverhältnisse im Gußstück und in der Probe gleich sind. Eine vollständige Übereinstimmung ist nur in den seltensten Fällen zu erreichen, da die unveränderlichen (Wandstärke, Verhältnis der Oberfläche zum Inhalt) und die veränderlichen Gußbedingungen (Temperatur der Schmelze und der Form) nicht für alle Teile des Gußstückes gleich sind. Sie bedingen verschiedene Gußgefüge und damit verschiedene Festigkeitseigenschaften in den einzelnen Teilen des Gußstückes. Die Unterschiede sind bei verschiedenen Wandstärken um so größer, je wandstärkenempfindlicher der Werkstoff ist, sie können bis zu 100% betragen. Selbst bei gleichen unveränderlichen Gußbedingungen können sich infolge der Verschiedenheit der veränderlichen noch Unterschiede bis zu 30% ergeben. Ist das Angießen der Proben nicht möglich, so begnügt man sich mit gesondert gegossenen Probestäben, deren Durchmesser aus den früher angeführten Gründen der maßgebenden Wandstärke der Gußstücke angepaßt sein muß. Gußstücke, die einen bestimmten Betriebsdruck auszuhalten haben, sind unter den gleichen Bedingungen, unter denen sie im Betriebe arbeiten, auf Dichtheit zu prüfen.

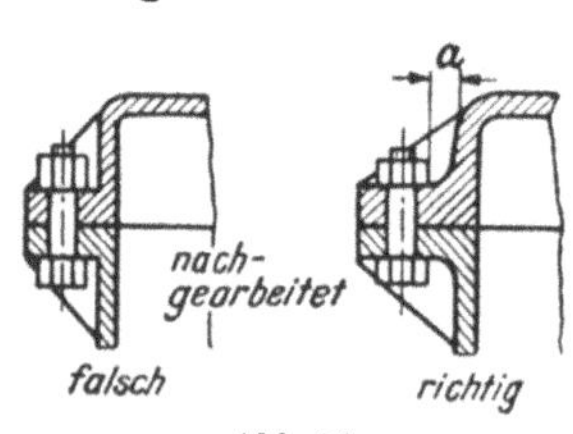

Abb. 70.

62. Werkzeuggerechter Entwurf. Das Gußstück soll im Hinblick auf möglichst niedrige Kosten für die spanabhebende Bearbeitung und den Zusammenbau entworfen sein. Nach den von der Firma KRUPP-GRUSON zusammengestellten „Winke für den Konstrukteur“ und anderen Angaben im Schrifttum gelten für den werkzeuggerechten Entwurf die folgenden Regeln:

a) *Befestigungsschrauben* für Flanschen an Gußteilen sind so anzuordnen, daß zwischen den Wandungen bzw. Verstärkungsrippen und den Schraubenköpfen oder -muttern auch bei ungenau ausfallendem Guß ein genügend großer Abstand *a* vorhanden ist (Abb. 70). Ist der Abstand zu klein, so müssen die Auflageflächen für die Schraubenköpfe und -muttern mit Bohrmessern nachgearbeitet werden, die bei dieser Arbeit leicht einhaken und abbrechen. Die Ein- und Austrittsflächen der Bohrungen der Schrauben sollen rechtwinklig zur Bohrrichtung liegen, damit sich der Bohrer nicht verläuft und keine Unterlagscheiben für den Schraubenkopf notwendig sind.

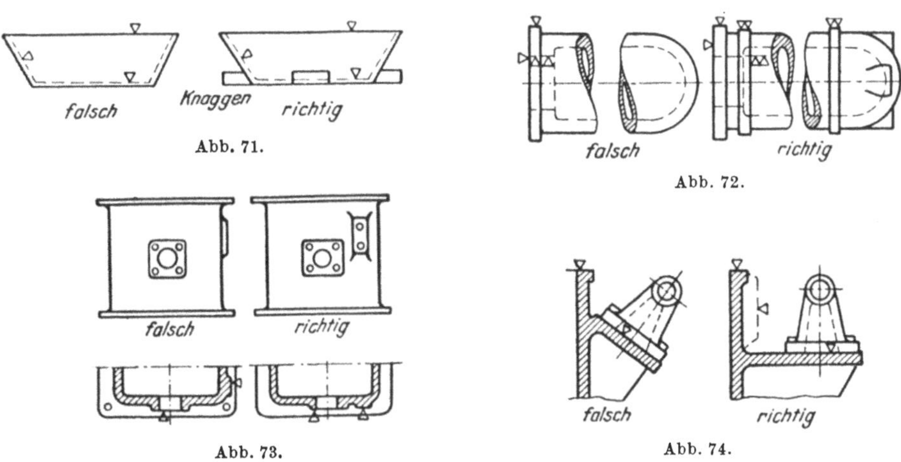

Abb. 71.

Abb. 72.

Abb. 73.

Abb. 74.

b) Zur Erleichterung des *Aufspannens* der Gußstücke sind an geeigneten Stellen *Knaggen* u. dgl. anzuordnen, die nach der Bearbeitung wieder entfernt werden (Abb. 71). Bei schweren Grau- und Stahlgußteilen, die zu drehen sind, ist darauf ganz besonders zu achten. In schwierigen Fällen ist der Entwurf der Werkstätte vorzulegen. Der zur Zentrierung am Kopfe mit Knaggen und zur Aufnahme am Umfange mit Bunden „richtig“ ausgeführte Preßzylinder (Abb. 72) läßt sich leichter bearbeiten als der „falsch“ angeführte. Bei Gußstücken, die zu fräsen und zu hobeln sind, sind die Arbeitsleisten zur Vermeidung des Umspannens möglichst nur an einer und nicht an zwei zueinander im Winkel stehenden Ebenen anzuordnen (Abb. 73). Es ist weiter darauf zu achten, ob den Gußstücken nicht eine solche Form gegeben werden kann, daß das Fräsen oder Hobeln durch das billigere Drehen ersetzt werden kann.

c) Die einer Seite des Gußstückes aufliegenden *Bearbeitungsflächen* sollen *gleich hoch* sein. Es wird dadurch die Bearbeitung und die Nachprüfung erleichtert. Sind mehrere Bearbeitungsflächen auf einer Seite des Gußstückes vorhanden, so sind sie zur Verminderung des Werkzeugverschleißes, der Verbilligung der Modellkosten und der Verminderung der Ansteckteile zusammenzufassen. Arbeitsflächen sollen möglichst *parallel* oder *rechtwinklig* zueinander liegen. Es wird dadurch das Ausrichten sowie der Zusammenbau und das Umspannen erspart (Abb. 74). Flanschen und Füße, die an Gehäusen angebracht sind, sollen nicht ineinander übergehen. Man braucht sie dann nicht zu behauen, sondern sie können zur Not auf der Drehbank bearbeitet werden (Abb. 75). Das Maß a muß mindedstens 30 mm betragen, damit Kerne vermieden werden.

d) Die durch Fräsen, Hobeln oder Stoßen zu bearbeitenden Flächen müssen den notwendigen *Auslauf a* für das Werkzeug haben (Abb. 76).

e) Nicht zu bearbeitende Flächen an Drehkörpern sind kräftig *abzusetzen*, an kleinen und mittleren Gußstücken mindestens 8 mm, an großen 10···15 mm, an Stahlgußteilen 12···18 mm. Der Drehstahl muß auch noch bei unrund ausgefallenen Werkstücken auf dem ganzen Umfange freien Auslauf haben (Abb. 77).

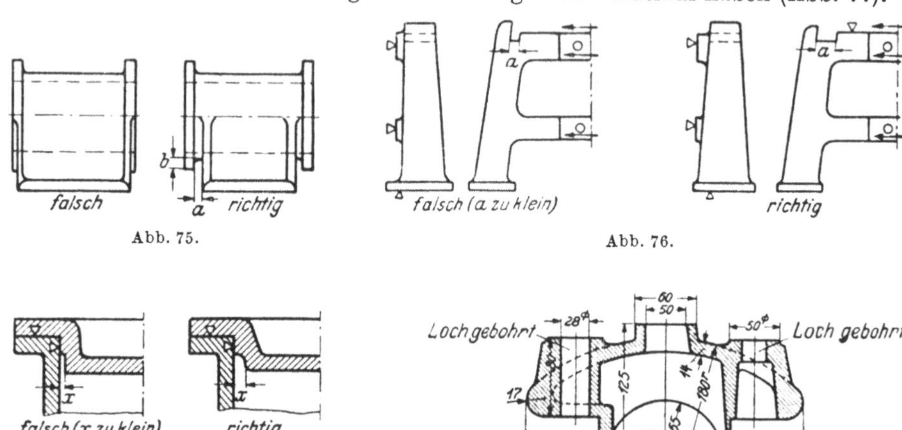

Abb. 75.

Abb. 76.

Abb. 77.

Abb. 78. Lagerdeckel für Reihenfertigung.

f) Bohrungen in Spindel- oder Räderkästen u. dgl. sind zur Vermeidung des Werkzeugwechsels im *Durchmesser gleich* zu halten. Die notwendigen Unterschiede für den Lagerzapfen sind durch die Wandstärken der Büchsen auszugleichen.

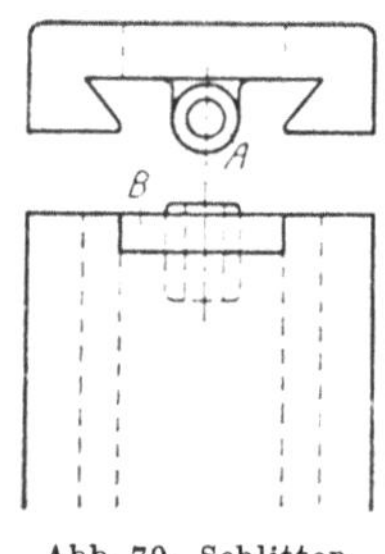

Abb. 79. Schlitten.

g) Die Gestalt des Gußstückes ist so festzulegen, daß seine Bearbeitung keine Schwierigkeiten macht. Der in Reihenfertigung herzustellende Lagerdeckel Abb. 78 ist ein Beispiel dafür, daß dies manchmal durch geringfügige Änderungen erzielt werden kann. Bei der links gezeichneten Ausführung muß die vorgegossene Bohrung auf dem Bohrwerke ausgebohrt werden, da der Bohrer an der Senkrecht-Bohrmaschine sich häufig seitlich verläuft. Diese Bearbeitungsweise ist teuer. Gießt man den Lagerdeckel ohne Kern, so läßt er sich auf der Bohrmaschine bohren, doch wird er häufig lunkerig. Die rechts gezeichnete Ausführung verbilligt die Bearbeitung und vermeidet den Lunker.

h) Bei schwieriger Bearbeitung ist die *Teilung des Gußstückes* in Frage zu ziehen. Bei dem Schlitten nach Abb. 79 ist es günstiger, das Augenlager A gesondert herzustellen und es mit dem Flansch B zu verschrauben. Wird es mit dem Schlitten in einem Stück hergestellt, so bereitet das Hobeln oder Fräsen der prismatischen Führung Schwierigkeiten. Der Pumpenkörper (Abb. 59) ist ebenfalls ein Beispiel hierfür.

i) Um die entsprechende *Oberflächenbeschaffenheit* nach der Bearbeitung zu erhalten, sind an den zu bearbeitenden Flächen genügend Bearbeitungszugaben vorzusehen (vgl. Abschn. 58).

k) Der Entwerfer kann nicht immer beurteilen, ob der Entwurf werkzeuggerecht ist. Er soll ihn daher vor der Festlegung der endgültigen Gestalt des Gußstückes der Bearbeitungswerkstätte zur *Überprüfung* vorlegen.

Tabelle 17. *Anforderungen an die Gestalt des Gußstückes und ihr Einfluß.* (Nach AWF 34 und ADB-Mappe „Werkstattgerechtes Konstruieren“, Teil Gußeisen, Stahl- und Temperguß.)

Anforderungen		Erfüllung der Anforderung bewirkt, daß der Guß -gerecht ist									kommt in Frage für
		werkstoff-									
		beanspruchungs-	gieß-	modell-	einform-	putz-	wärmebehandlungs-	maß-	prüf-	werkzeug-	
Anpassung der Gestalt an die Beanspruchungen		/	—	—	—	—	—	—	—	—	
einfache und regelmäßige Gestalt des	Gußstückes	—	/	/	/	/	/	/	/	/	alle Gußarten*
	Kernes	—	/	/	/	/	—	/	—	/	
Modell oder Schablone		—	—	/	/	—	—	—	—	—	Sand-.u.Masseguß aller Arten
Anpassung an Maschinenformung		—	—	—	/	—	—	—	—	—	Sandguß aller Arten
Teilfugen tunlichst vermeiden		—	/	/	/	/	—	/	—	/	
wenn Teilfuge, so in eine Ebene, womöglich zu bearbeitende Fläche, verlegen		—	—	—	/	/	—	/	—	/	alle Gußarten*
Unterschneidungen vermeiden		—	/	/	/	/	—	/	—	—	
Aushebeschrägen vorsehen		—	—	—	/	—	—	/	—	—	
Kanten und einspringende Ecken abrunden		/	/	—	/	—	—	/	—	—	
Ansteckteile vermeiden		—	—	/	/	—	—	/	—	—	Sand- u. Masseguß aller Arten
Ansteckteile einziehbar		—	—	—	/	—	—	/	—	—	
Kerne vermeiden		—	/	/	/	/	—	/	—	—	
falls Kerne notwendig, dann:	einfache Gestalt	—	/	/	/	/	—	/	—	/	
	sichere Kernauflage, keine Kernstützen	—	—	—	/	/	—	/	—	—	
	Abführung der Kernluft	—	/	—	—	—	—	—	—	—	
	genügende Steifheit	—	—	—	—	—	—	/	—	—	
	Einlegbarkeit	—	—	—	/	—	—	/	—	—	
	Zusammentreffen mehrerer Kerne vermeiden	—	—	—	/	—	—	/	—	—	alle Gußarten*
vergießbare Wandstärke		—	/	—	—	—	—	—	—	—	
möglichst gleiche Wandstärke		—	/	—	—	—	/	/	—	—	
wenn unmöglich,: allmählicher Übergang, richtiges gegenseitiges Verhältnis		/	/	—	—	—	/	/	—	—	
Vermeidung von Werkstoffanhäufung		—	/	—	—	—	/	/	—	—	
Roh- oder Fertigform		—	/	—	—	—	—	—	—	—	Sand- u. Masseguß aller Arten
leichte Entfernung der verlorenen Köpfe		—	—	—	—		—	—	—	—	alle Gußarten*
Bezeichnung der Teile mit erhöhter Festigkeit		—	/	—	/	—	—	—	—	—	Sand- u. Masseguß aller Arten-
keine vorspringende Teile		—	/	—	—	—	—	/	—	—	
bei Verformung und Rißgefahr	Verstärkungsrippen	/	/	—	—	—	/	/	—	—	
	Sprengnute	—	/	—	—	—	/	/	—	—	alle Gußarten*
	Unterteilung	—	/	—	—	—	/	/	—	/	
Aufschrumpfungsmöglichkeit bei Einlagen		—	/	—	—	—	—	/	—	—	
leichte Zugänglichkeit der Innen- und Außenflächen		—	—	—	—	—	—	—	—	/	
abzudrückender Raum einfach abdichtbar		—	—	—	—	—	—	—	/	—	Sand- u. Masseguß aller Arten
Möglichkeit des Angießens von Probestäben		—	—	—	—	—	—	—	/	—	
leichtes Aufspannen in der Werkzeugmaschine		—	—	—	—	—	—	—	—	/	
Möglichkeit des Auslaufes des Werkzeuges		—	—	—	—	—	—	—	—	/	alle Gußarten*
Ausrichten der zu bearbeitend. Flächen u.Bohrung.		—	—	—	—	—	—	—	—	/	
genügende Bearbeitungszugaben		—	/	—	—	—	—	/	—	/	

* Außer Schleuderguß.

VII. Tabellarische Zusammenstellung der Voraussetzungen für einwandfreien Formguß.

In der Tab. 17 sind sämtliche Anforderungen für den Entwurf des einwandfreien Gußstückes übersichtlich zusammengestellt. Sie zeigt, daß nahezu alle Anforderungen auf mehrere der Gerechtigkeiten einen Einfluß haben. Die Anforderungen, die nur für eine derselben in Frage kommen, sind deshalb aber nicht weniger zu beachten. Wirkt sich eine Anforderung in bezug auf eine andere entgegengesetzt aus, wie z.B. der geschlossene kastenförmige Querschnitt, der die Steifheit des Gußstückes erhöht, aber die Schwindung behindert, oder die zylindrische Ausführung der Nabe eines Rades, die das Drehen erleichtert und größere Sicherheit gegen den Lunker bietet, aber das Ausheben des Modelles erschwert, so ist zu untersuchen, ob ihr Vorteil den Nachteil überwiegt.

721/38/52

Einteilung der bisher erschienenen Hefte nach Fachgebieten (Fortsetzung)

II. Spangebende Formung (Fortsetzung)

III. Spanlose Formung

IV. Schweißen, Löten, Gießerei

(*Fortsetzung 4. Umschlagseite*)